MANUEL

DES

CONSTRUCTIONS RURALES

3me ÉDITION

COMPLÉTEMENT REFONDUE PAR

T. BONA,

ancien architecte, directeur de l'école de tissage et de dessin industriel
de Verviers, auteur du : *Tracé et ornementation des Jardins,*
membre de plusieurs sociétés agricoles.

ACCOMPAGNÉ DE 200 FIGURES.

BRUXELLES

LIBRAIRIE AGRICOLE D'ÉMILE TARLIER

Éditeur de la Bibliothèque rurale

MONTAGNE DE L'ORATOIRE, 5.

BRUXELLES. — TYPOGRAPHIE DE Ve J. VAN BUGGENHOUDT
Rue de Schaerbeek, 12

MANUEL

DES

CONSTRUCTIONS RURALES.

—

3me ÉDITION.

—

DICTIONNAIRE

D'AGRICULTURE PRATIQUE

COMPRENANT

tout ce qui se rattache à la grande culture, au jardinage,
à la culture des arbres et des fleurs, à la médecine humaine et vétérinaire,
à la botanique, à l'entomologie, à la géologie,
à la chimie et à la mécanique agricoles, à l'économie rurale, etc.

PAR P. JOIGNEAUX

cultivateur, auteur de :

*les Champs et les Prés, les Conseils au jeune fermier, les Vignes et les Vins
en Belgique, les Arbres fruitiers, les Conseils
à la jeune fermière, l'Art de produire les bonnes graines, etc., etc.*

et CHARLES MOREAU

docteur en médecine.

Deux forts volumes grand in-8° à deux colonnes, avec gravures.

Prix : 20 francs.

Des livres spéciaux ont été publiés sur la plupart des matières agricoles, mais fussent-ils parfaits à leur point de vue, ces livres ont un grand inconvénient pour le cultivateur. En effet, on ne s'occupe pas uniquement de grande culture dans une maison d'exploitation bien conduite ; on s'y occupe d'élève du bétail, d'engraissement, de jardinage, d'arbres fruitiers, d'oiseaux de basse-cour ; on y élève des abeilles souvent, des vers à soie quelquefois ; on y donne même des soins aux plantes d'agrément. Or, il est évident que, pour s'éclairer sur tout cela, on peut recourir à chacun des ouvrages traitant séparément de ces diverses matières, mais avant de mettre la main sur la page dont on a besoin dans un moment donné, il faudra ou feuilleter des volumes, ou parcourir de l'œil des tables de matières qui ne finissent point. Voilà l'inconvénient. A la campagne, plus peut-être qu'à la ville, le temps est précieux, et l'on ne consent guère à chercher qu'à la condition de trouver vite. C'est précisément cette considération qui a suggéré l'idée de simplifier le travail des recherches en plaçant sous le même couvert, dans un même ouvrage, et par ordre alphabétique, ce qui peut intéresser le cultivateur.

AVIS DE L'ÉDITEUR

Nous sommes heureux de saisir l'occasion que nous offre la publication de ce nouveau *Manuel des construction rurales*, pour faire acte de réparation envers un écrivain qui s'est acquis dans le domaine de la science une réputation justement méritée : M. Nadault de Buffon, auteur du *Cours d'agriculture et d'hydraulique agricole*.

Il y a quelques années, le manuscrit d'un *Manuel des constructions rurales*, présenté par M. H. Duvinage comme son œuvre, fut désigné par le gouvernement belge pour être compris dans la *Bibliothèque rurale* publiée sous son patronage.

L'accueil que le public fit à ce manuel dépassa nos prévisions ; nous dûmes recourir à un second tirage.

C'est seulement après cette réimpression que l'on s'aperçut que le succès acquis n'était pas de bon aloi. M. Duvinage avait donné, comme original, un travail dont il avait puisé textuellement les éléments principaux dans le livre de M. Nadault de Buffon, ainsi que dans les œuvres d'auteurs éminents : MM. de Perthuis, de Gasparin, de Fontenay, Roux, Lasteyrie, Demanet, etc.

M. Duvinage s'était borné à citer nominativement trois de ces écrivains, sans faire mention des noms de MM. Nadault de Buffon et de Perthuis, à qui la plus grande partie de son livre était empruntée.

Dans cet état des choses, la ligne de conduite à suivre nous était toute tracée. Complice involontaire d'un plagiat, nous devions renoncer aux bénéfices illégitimes que pouvait nous donner l'exploitation du bien d'autrui. Nous n'avons pas hésité à détruire les exemplaires qui nous restaient ; en même temps, nous avons offert à l'auteur et aux éditeurs du *Cours d'agriculture et d'hy-draulique agricole* toutes les satisfactions qu'il était en notre pouvoir de leur accorder. Déclarons-le bien haut ici, M. l'ingénieur Nadault de Buffon, et ses éditeurs, convaincus de notre bonne foi, ont fait preuve d'une grande bienveillance et n'ont exigé d'autres satisfactions que celles que nous leur avions spontanément offertes.

On conçoit aisément qu'un ouvrage comme celui publié sous le nom de M. Duvinage, composé d'un nombre de chapitres presque littéralement copiés dans différents auteurs, devait fatalement être entaché d'un grand défaut, le manque de coordination. Ce défaut, le *Manuel des constructions rurales* l'avait, et il a fallu tout le mérite des extraits pour faire oublier l'imperfection de l'ensemble.

Le *Manuel des constructions rurales* que nous offrons aujourd'hui au public ne pèche pas par le manque d'unité, il n'est pas, comme son devancier, une compilation plus ou moins intelligente, un plagiat plus ou moins audacieux. C'est l'œuvre d'un homme consciencieux, familiarisé avec les questions qu'il traite. Certes, l'auteur, sous le futile prétexte de faire un livre dont il pût réclamer la paternité exclusive, n'a pas dédaigné les matériaux qui sont déposés dans les travaux des meilleurs auteurs : il a eu sous les yeux les livres les plus estimés et il a consulté, entr'autres, avec grand fruit, le récent et remarquable *Traité des constructions rurales* de M. L. Bouchard; mais les emprunts qu'il a faits à ses prédécesseurs sont loyaux et la source est soigneusement indiquée.

MANUEL

DES

CONSTRUCTIONS RURALES

CHAPITRE PREMIER

CONNAISSANCE ET CHOIX DES MATÉRIAUX.

La connaissance des matériaux est incontestablement la première que doit acquérir celui qui veut faire des constructions. Sans elle il ne saurait faire un choix judicieux. Il doit également s'enquérir des lieux de production, et recueillir des indications précises concernant les prix, en tenant compte, bien entendu, des frais de transport.

En certains endroits, les matériaux de construction abondent, mais il est des localités où ils sont rares, et parfois de mauvaise qualité. Dans le premier cas, on donnera la préférence aux matériaux les plus avantageux, et dans le second, on veillera à tirer le meilleur parti de ceux que l'on peut se procurer ; mais, pour agir ainsi, il faut néeessairement posséder des connaissances suffisantes pour pouvoir faire un choix raisonné.

Ajoutons également que le choix des ouvriers doit souvent être subordonné à la nature des matériaux dont on compte faire usage. En effet, tel ouvrier de campagne, inhabile et même maladroit dans un travail qui sort de ses habitudes, saura tirer un excellent parti de matériaux médiocres, mais dont l'emploi lui est familier, alors que des ouvriers, habitués à des ouvrages plus soignés, n'auraient peut-être pas pu les utiliser convenablement. Aussi, quand les ouvriers que l'on peut se procurer n'ont pas l'habitude des matériaux dont on désire faire usage, il est préférable de leur en fournir qu'ils sachent mettre en œuvre.

§ 1. — *Pierres.*

Les pierres employées dans les constructions peuvent être rangées en quatre classes :

Les *pierres quartzeuses* ou *siliceuses;*

Les *pierres calcaires;*

Les *pierres argileuses;*

Les *pierres gypseuses.*

1° Les *pierres quartzeuses* ou *siliceuses* ont la propriété de donner des étincelles quand on les frappe avec le briquet, de rayer le verre et d'être inattaquables par les acides. Les matériaux de cette classe employés dans les constructions sont : le granit, le grès dur, avec lequel on fait des pavés, les grès tendres, qui peuvent s'employer comme moellons et même se tailler assez bien, quelques grès rouges et houillers employés de même que les précédents, enfin, les sables et les pouzzolanes avec lesquels se font les mortiers. Ajoutons encore les silex ou cailloux, dont on fait des constructions assez bonnes et souvent très-pittoresques.

La province de Hainaut possède de belles et nombreuses carrières de grès, entre autres celles des *Écaussines*, de Soignies, Viherées, etc.

2° Les *pierres calcaires* se laissent entamer par une pointe de fer, sont solubles avec effervescence dans les acides, ne donnent pas d'étincelles au briquet et se convertissent en chaux par la calcination.

Les calcaires les plus abondants en Belgique sont : les calcaires compactes, gris, noirs et bleus, les petits granits et le calcaire grossier de Maestricht, que l'on tire des célèbres carrières du mont Saint-Pierre.

Le premier de ces calcaires se trouve en abondance dans les magnifiques carrières des bords de la Meuse et de la Vesdre, ainsi qu'aux environs de Tournay. Le petit granit, un peu moins commun, se trouve cependant encore en un grand nombre d'endroits.

Tous ces calcaires, par la calcination, produisent de la chaux, dont la qualité varie suivant la nature de la pierre. Nous reviendrons sur ce sujet au § *Chaux*.

Pour éviter les répétitions, nous indiquons, dans le tableau ci-après, les principales carrières de calcaires du pays, ainsi que la qualité de la chaux fournie par chacune d'elles.

SITUATION des CARRIÈRES.	COULEUR ET TEXTURE de la PIERRE.	QUALITÉ de la CHAUX.
Province de Liége.		
Berneau	Gris bleu, compacte.	Grasse.
Visé	Grise, compacte.	Idem.
Kinkempois p. Liége.	Grise, gris brunâtre, veinée, compacte.	Moyennement hydraulique.
Hollogne-aux-Pierres.	Jaunâtre, suffacée.	Hydraulique.
Mallieue	Gris bleu, veinée, compacte.	Grasse.
Huy..	Gris brun, compacte.	Moyennement hydraul.
Ans.	Craie marneuse blanche.	Grasse.
Hozémont.	Gris roux, compacte.	Idem.
Horion	Gris jaunâtre, compacte.	Moyennement hydraul.
Vinalmont	Grise.	Grasse.
Wansoul	Gris brunâtre, compacte.	Hydraulique.
Huccorgne	Gris roux, saccharoïde.	Maigre.
Lavoir	Gris noir, compacte.	Moyennement hydraul.
Fléron	Blanc sale, crayeuse.	Très-faiblem^t. hydraul.
Chaudfontaine. . .	Grise, comp. et schistoïde.	Eminemment hydraul.
Trooz.	Gris bleu, compacte.	Idem.
Fraipont	Gris bleu, compacte.	Faiblem^t. hydraulique.
Flaire	Grise, compacte.	Grasse.
Pepinster.	Gris cendré, taché de roux, compacte.	Faiblement et moyennement hydraulique.
Ensival.	Grise, compacte.	Grasse.
Nasproué.	Gris verdâtre, compacte.	Faiblem^t. hydraulique.
Dolhain.	Gris bleu, compacte.	Idem.
Baelen	Gris verdâtre.	Hydraulique.
Oneux	Gris roux, saccharoïde.	Maigre, faibl^t. hydraul.
Spa.	Gris noir, compacte.	Hydraulique.
Remouchamp . . .	Grise, compacte.	Grasse.
Florzée.	Gris noir, compacte.	Idem.
Palogne.	Gris noir, compacte.	Hydraulique.
Hamoir.	Gris sombre, compacte.	Grasse.
Comblain-la-Tour.	Gris cendré, compacte.	Idem.
Comblain-au-Pont.	Gris sombre, compacte.	Idem.
Esneux.	Grise, compacte.	Très-faiblem^t. hydraul.
Colonster.	Gris clair, compacte.	Hydraulique.
Villers-le-Temple . .	Gris cendré, compacte.	Grasse.
Terwagne.	Gris roux, saccharoïde.	Maigre, magnésienne.
Ochain.	Gris bleu foncé, compacte.	Grasse.
Méan.	Gris bleu, compacte.	Idem.
Basse.	Gris verdâtre, compacte.	Éminemment hydraul.
Henrichapelle. . .	Craie.	Grasse.
Brabant.		
Biez	Craie.	Grasse.
Grez-Doineau. . . .	Craie et marne.	Idem.

SITUATION des CARRIÈRES.	COULEUR ET TEXTURE de la PIERRE.	QUALITÉ de la CHAUX.
Province de Limbourg.		
Gingelom.	Marne gris lilas.	Hydraulique.
Niel	Marne brune.	Ciment.
Roelenge	Marne blanc jaunâtre.	Hydraulique.
Gelinden	Marne blanche, crayeuse.	Éminemment hydraul.
Horpmael.	Jaune clair, grossière.	Grasse.
Freeren.	Idem.	Idem.
Sluse.	Idem.	Idem.
Glons.	Blanc sale, marneuse.	Idem.
Wonck.	Blanc jaune, grossière.	Faiblemt. hydraulique.
Sichen	Idem.	Grasse.
Maestricht	Idem.	Idem.
Province de Luxembourg.		
Hollogne	Gris noir, compacte.	Faiblemt. hydraulique.
Waha	Idem.	Idem.
Hotton	Gris brunâtre, compacte.	Moyennement hydraul.
Bechou.	Idem.	Idem.
Somme.	Gris foncé, compacte.	Grasse.
Petit-Han.	Gris roux, stratoïde.	Éminemment hydraul.
Barvaux	Blanc jaunâtre, cristalline.	Faiblement hydraul.
Bomal	Gris cendré, compacte.	Grasse.
Attert	Idem.	Moyennement hydraul.
Metzert.	Jaunâtre, saccharoïde.	Très-maigre.
Sesselich	Gris jaunâtre, compacte.	Maigre, moyent. hyd.
Wolkrange	Grise, compacte, grenue.	Hydraulique.
Meix	Jaunâtre, grenue.	Maigre, très-peu hyd.
St-Mard	Jaunâtre, cristalline.	Grasse.
Habay	Jaune roux, grenue.	Maigre.
St-Léger	Idem.	Idem.
Waltzingen	Grise, compacte.	Moyennement hydraul.
Diekirch	Idem.	Hydraul., magnésienne.
Strassens.	Idem.	Hydraulique.
Frelange	Gris léger, veiné, compacte.	Idem.
Hachy	Grise, compacte.	Éminemment hydraul.
Houdemont.	Idem.	Moyennement hydraul.
Rossignol.	Idem.	Hydraulique.
Florenville	Jaunâtre, grenue.	Grasse.
Muno.	Jaunâtre, compacte.	Moyennement hydraul.
Jamoigne.	Idem.	Idem.
Buzenol.	Jaunâtre, grossière.	Maigre, faiblt. hydraul.

SITUATION des CARRIÈRES.	COULEUR ET TEXTURE de la PIERRE.	QUALITÉ de la CHAUX.

Province de Hainaut.

La Buissière.	Gris noir, compacte.	Grasse.
Idem	Idem.	Hydraulique.
Solre-sur-Sambre . .	Gris roux, compacte.	Éminemment hydraul.
Bossu	Gris, grise noir, compacte.	Grasse.
Solre-St-Géry. . . .	Gris noir, compacte.	Moyennement hydraul.
Beaumont.	Idem.	Grasse.
Leers-Fosteau. . . .	Grise, compacte.	Idem.
Mont-sur-Marchienne.	Gris noirâtre, compacte.	Idem.
Fontaine-l'Évêque . .	Grise, compacte.	Idem.
Leerne	Gris jaunâtre, compacte.	Très-faiblem^t. hydraul.
Givry.	Blanche, crayeuse.	Moyennement hydraul.
Binche.	Idem.	Idem.
Strépy.	Idem.	Grasse.
Soignies	Gris roux, compacte.	Faiblement maigre.
Écaussinnes.	Grisé, compacte.	Grasse.
Malon-Fontaine . . .	Gris noir, compacte.	Moyennement hydraul.
Feluy.	Grise, compacte.	Grasse.
St-Vaast	Blanche, crayeuse.	Moyennement hydraul.
Luttre	Gris noir, compacte.	Grasse.
Viesville	Idem.	Idem.
Idem	Grise, compacte.	Hydraulique.
Thiméon	Noir roux, schisto-compacte.	Grasse. Idem.
Fleurus.	Grise, compacte.	Éminemment hydraul.
Horrues	Idem.	Grasse.
Thieusies.	Idem.	Grasse et moyennement hydraulique.
Casteau.	Idem.	
Obourg.	Blanche, crayeuse.	Moyennement hydraul.
Frameries	Idem.	Idem.
Quévy-le-Petit. . . .	Idem.	Grasse.
Cuesmes	Idem.	Très-faiblem^t. hydraul.
Audregnies	Gris verdâtre, marneuse.	Hydraulique.
Elouges.	Blanche, crayeuse.	Très-faiblem^t. hydraul.
Brugelette.	Gris roux, compacte.	Grasse.
Cambron-Casteau . .	Gris tacheté, saccharoïde.	Faiblement maigre.
Mevergnies	Gris noirâtre, compacte.	Hydraulique.
Maffles	Grise, compacte.	Grasse.
Ath.	Idem.	Hydraulique.
Tournay	Jaunâtre, crayeuse.	Éminemment hydraul.
Chercq.	Noir gris, compacte.	Hydraulique.
Crèvecœur	Noire, compacte.	Idem.
Antoing.	Idem.	Idem.
Vaulx	Gris noirâtre, compacte.	Moyennement hydraul.

SITUATION des CARRIÈRES.	COULEUR ET TEXTURE de la PIERRE.	QUALITÉ de la CHAUX.
Allain	Noir gris, compacte.	Éminemment hydraul.
Blaton	Gris noir, compacte.	Très-faiblem^t. hydraul.

Province de Namur.

Warcq	Grise, compacte.	Éminemment hydraul.
Anseremme.	Gris noirâtre, compacte.	Grasse.
Leffe.	Idem.	Idem.
Bouvignes	Gris bleu foncé, compacte.	Moyennement hydraul.
Yvoir.	Gris foncé, légèrement sac-charoïde.	Très-faiblem^t. maigre.
Moulin	Gris noir, compacte.	Grasse.
Chauvaux.	Gris cendré, compacte.	Très-faiblem^t. hydraul.
Frêne	Grise, compacte.	Grasse.
Wépion.	Idem.	Idem.
Samson.	Idem.	Idem.
Geoimont.	Grise, compacte.	Hydraulique.
Payenne	Idem.	Grasse.
Sorinnes	Grise, saccharoïde.	Maigre, magnésienne.
Ciney.	Grise, compacte.	Grasse.
Rochefort.	Rougeâtre veiné de blanc, compacte.	Idem.
Soumoy.	Grise, compacte.	Idem.
Cerfontaine.	Idem.	Idem.
Philippeville	Idem.	Hydraul.,magnésienne
Doische.	Idem.	Très-faiblement hydr.
Couvin.	Gris bleuâtre, compacte.	Moyennement hydraul.
Frasne	Gris brunâtre, compacte.	Hydraulique.
Nismes.	Grise, compacte.	Éminemment hydraul.
Stave.	Gris noirâtre, compacte.	Grasse.
Fosses	Grise, compacte.	Moyennement hydraul.
St-Gérard.	Grise, saccharoïde.	Maigre, magnésienne.
Denée	Gris noirâtre, compacte.	Grasse.
Oret	Grise, compacte.	Idem.
Laneffe.	Idem.	Idem.
Yves.	Gris noirâtre, compacte.	Moyennement hydraul.
Silenrieux	Idem.	Idem.
Sombreffe.	Gris noir, compacte.	Idem.
Ligny	Grise, grenue.	Maigre, magnésienne.
St-Martin.	Gris noirâtre, compacte.	Hydraulique.
Rhisne	Gris roux, grenue.	Maigre, magnésienne.
Gelbressée	Gris de fonte, grenue.	Idem.
Franc-Waret	Gris noirâtre, compacte.	Moyennement hydraul.

3° Les *pierres argileuses et schisteuses* se laissent assez ordinairement rayer par l'ongle, ne font pas d'effervescence avec les acides, ne se convertissent pas en chaux par l'action du feu, et sont ordinairement feuilletées.

La seule pierre schisteuse, employée dans la construction des bâtiments, est l'*ardoise;* cependant quelques autres schistes peuvent encore fournir des tables propres à recouvrir des rigoles, ou former de grossiers dallages, mais, en général, d'un mauvais usage.

L'ardoise se trouve en abondance dans les provinces de *Liége*, de *Namur* et de *Luxembourg*.

Voici la liste des endroits où se trouvent les principales carrières.

Province de Liége.

Chevron; Lierneux; Rahier; Bertrix, exploitation importante; Bouillon; Bras-lez-Saint-Hubert; Cugnon; Fays-les-Veneurs, où se trouvent de nombreuses carrières qui chôment depuis quelques années; Herbeumont fournissait habituellement 8,000,000 d'ardoises; Martelange; Neufchâteau où trois carrières sont exploitées; Offagne; Straimont expédiant à Paris; Vielsalm, Vivy.

Province de Namur.

Alle, dépôt à Sédan; Ciney; Cul-des-Sarts, où se trouvent deux carrières non exploitées; Oignies.

Province de Hainaut.

Bailleux.

Les bonnes ardoises doivent être dures et se débiter facilement, sous une épaisseur convenable pour résister au marteau lorsqu'on les cloue sur le toit, et ne point surcharger inutilement la charpente. Les ardoises poreuses ne valent rien, car elles ne garantissent pas suffisamment la charpente et l'exposent à une prompte pourriture.

4° Les *pierres gypseuses* se laissent ordinairement rayer par l'ongle, ne font pas effervescence avec les acides, n'étincellent pas sous le choc du briquet, et se réduisent en plâtre par l'action du feu. Leur texture est très-variable, mais toujours lamellaire.

Employé comme pierre de construction, le gypse est d'un fort mauvais usage, car il présente l'inconvénient d'être légèrement soluble dans l'eau. Il ne peut être utilisé avantageusement que réduit à l'état de plâtre; alors on en fait d'excellents enduits pour les intérieurs des moulures et d'autres objets.

Il n'est pas à notre connaissance que la Belgique possède de carrières de pierres à plâtre, du moins de carrière exploitée.

Sous le rapport de leur emploi, les pierres se divisent en pierres dures et en pierres tendres. Les premières doivent toujours être préférées, à moins que le trop grand éloignement des carrières n'en rende le prix trop élevé. Dans ce cas, on doit s'assurer de la qualité des pierres tendres, de leur résistance à l'air et à la gelée, et si les renseignements obtenus ne sont pas satisfaisants, on doit leur préférer les briques, qui sont toujours d'un excellent usage et d'un prix modéré, sans compter la possibilité de les faire préparer sur son propre terrain.

On peut, du reste, s'assurer de la qualité d'une pierre douteuse, en l'exposant à l'humidité pendant l'hiver; si elle résiste à la gelée, on peut l'employer avec confiance.

Lorsque les pierres sortent de la carrière, elles portent souvent, à l'extérieur, une espèce d'écorce terreuse que l'on nomme *bousin*, et qu'il faut toujours enlever avec soin. On ne devra pas d'ailleurs employer ces pierres, avant qu'une exposition à l'air les ait complétement dépouillées de l'humidité qu'elles doivent à leur séjour dans la carrière.

On appelle pierre d'*échantillon*, tout bloc de pierre équarri sur des dimensions données à l'appareilleur de la carrière. Elle est, suivant ses dimensions, de grand ou de bas appareil.

Dans les constructions, ces pierres seront, autant que possible, placées dans la position qu'elles occupaient dans la carrière ; c'est ce qu'on appelle poser *sur lit de carrière*. Sans cette précaution, elles sont sujettes à s'effeuiller et ne supportent pas, à beaucoup près, un poids aussi considérable.

Les *parpaings* sont des pierres qui occupent toute l'épaisseur d'un mur, et forment parement de chaque côté.

Toute pierre d'un volume suffisant pour être employée en maçonnerie, mais trop petite pour subir une taille régulière, quelle que soit sa qualité, qu'elle provienne d'éclats de plus grosses pierres, ou d'un banc de carrière de peu d'épaisseur, se nomme *moellon*.

Le moellon, comme la pierre, doit être *ébousiné* et posé sur son *lit de carrière*.

Règle générale.—Pour le choix des matériaux, on devra toujours se procurer des renseignements exacts auprès des consommateurs judicieux, plutôt qu'auprès des fournisseurs intéressés à vanter leurs produits; faire ses achats aux détenteurs de première main, et se méfier des intermédiaires.

§ 2. — *Briques.*

Les *briques* peuvent être considérées comme des pierres artificielles formées d'argile moulée, séchées d'abord à l'air, puis cuites en tas ou au four.

La qualité des briques varie beaucoup suivant la nature de la terre employée, les soins apportés dans la fabrication, et la cuisson plus ou moins parfaite. Les bonnes briques, cuites à point, offrent à peu près la même résistance que le meilleur calcaire dur. La bonne cuisson des briques est surtout nécessaire lorsque les ouvrages auxquels on les destine doivent être exposés à l'eau ou aux vents pluvieux. On reconnaît que la brique est bien cuite, quand elle rend un son clair sous le choc d'un corps dur. La terre avec laquelle on la fait doit être une argile sablonneuse : si le sable est en trop faible quantité, la brique est sujette à se gercer et à se déformer tant en se séchant qu'à la cuisson. Si, au contraire, le sable est trop abondant, les briques sont poreuses, absorbantes et manquent de consistance. On doit surtout veiller à ce que la terre ne contienne ni pyrites, ni fragments de calcaire, car ces substances, décomposées par le feu, s'effleurissent ensuite à l'air et font éclater les briques.

On donne généralement aux briques la forme d'un parallélipipède rectangle, ayant en longueur deux fois sa largeur et quatre fois son épaisseur. On en fait aussi, mais exceptionnellement et sur commande, de diverses autres formes, pour maçonnerie circulaire, chaperons de murs de clôture, et même pour moulures.

Quant aux dimensions, elles varient suivant les localités, ainsi qu'on peut le voir au tableau suivant :

TABLEAU *indiquant les dimensions et la qualité des briques fabriquées en Belgique.*

LIEUX de FABRICATION.	DIMENSIONS.			QUALITÉ.
	Longueur.	Largeur.	Épaisseur.	
Boom, Niel, Hemixem et les bords du Rupel.				Ces briques sont en général bien cuites, bien moulées et d'une excellente qualité.—Les klampsteen cuites en tas sont parfois un peu gélives. Les briquettes sont souvent colorées en bleu; elles sont, comme les carreaux, recoupées au couteau, ce qui leur donne des arêtes vives. Les putsteen sont cunéiformes. — On en fait un très-grand usage à Anvers, à Malines, à Louvain, à Bruxelles (sous le nom de briques du Canal), à Gand, à Termonde et sur tous les affluents du Rupel et de l'Escaut.
Klampsteen . . .	0190	0090	0047	
Papensteen . . .	0180	0085	0045	
Derdeling. . . .	0150	0073	0038	
Kleyne steen. . .	0135	0060	0035	
Putsteen (briques de puits). . . .	0160	0100 0072	0040	
Rupelmonde. . . . *Klampsteen* . . .	0190	0090	0047	Briques bien moulées, mais gélives.
Bruxelles	0200	0095	0053	Qualité très-variable, en général assez bien moulées. — La terre employée est souvent trop riche en sable et pas assez corroyée; mais quoique tendres et spongieuses, ces briques résistent assez bien aux intempéries. *Obs.* On fabrique des briques de même dimension et de même qualité à Vilvorde, à Louvain, à Malines et dans la plupart des localités du Brabant.
Reinrode (commune de Haelen) . . . . *Forme ancienne*..	0195	0097	0047	Briques bien moulées, mais peu résistantes quand elles sont peu cuites; assez déformées, mais très-résistantes quand elles ont subi un degré de cuisson convenable. (*Obs.* Ces briques sont employées à Hasselt, à Diest et au camp de Beverloo.)
Forme nouvelle. .	0177	0090	0045	

LIEUX de FABRICATION.	DIMENSIONS.			QUALITÉ.
	Longueur.	Largeur.	Épaisseur.	
Meirelbeke, près de Gand.	0220	0110	0050	Assez cassantes, mais non gélives; elles résistent très-bien à l'air et prennent bien le mortier : on les emploie à la confection des parements. *Obs.* Ces briques sont employées aux travaux de la citadelle de Gand, concurremment avec celles de Boom et de Rupelmonde.
Eyne, près d'Audenarde	0220	0108	0054	Elles ont beaucoup d'analogie avec les précédentes; de bonne qualité. (*Obs.* Employées à Ypres, Ostende et Nieuport.)
Furnes	0215	0100	0055	
Ostende.	0220	0110	0060	Médiocres. — (*Obs.* On ne fait usage de ces briques à Ostende que pour les travaux de peu d'importance; on emploie pour les travaux soignés les briques de Furnes, de Boom et de Rupelmonde.)
Warneton, près de Menin	0210	0100	0050	Bonnes, très-résistantes.
Pré de Saint-Denis, près de Liége. . .	0230	0110	0060	Couleur violette, bien cuites, pas trop irrégulières, mais cassantes. (*Obs.* Ces briques, employées à la construction de la Chartreuse, ont très-bien résisté.)
Arlon, Houdemont et Rossignol . . .	0200	0100	0050	Briques de belle apparence et assez dures, mais fabriquées avec une argile riche en carbonate calcaire; elles se détériorent promptement et éclatent même souvent quand elles sont soumises à l'humidité. (*Obs.* On ne les emploie qu'à l'intérieur des bâtiments.)

LIEUX de FABRICATION.	DIMENSIONS.			QUALITÉ.
	Longueur.	Largeur.	Épaisseur.	
Herck-St-Lambert, à une lieue de Hasselt	0240	0115	0060	Qualité très-médiocre en général ; spongieuses, inégales, cassantes.—Elles donnent un déchet très-considérable. (*Obs.* On les emploie aux constructions de Hasselt.)
La Plante, près de Namur.	0220	0105	0055	D'un rouge brun, très-dures et résistantes, mais assez mal formées, parfois gélives. (Employées à Namur à la citadelle et aux constructions civiles.)
Namur . . . . . . *Briques réfractaires*.	0200	0110	0050	Très-bonnes et bien formées ; elles rivalisent avec celles d'Andenne. (*Obs.* Fabriquées avec de l'argile plastique de Védrin, qu'on mélange de poussière de creusets de verrerie et de fabrique de laiton.)
Briques (dites tête de chat)	0110	0110	0110	
Andenne. . . . . . *Briques réfractaires*.	0230	0110	0055	Parfaitement moulées, qualité excellente, très-réfractaires. (*Obs.* Elles sont employées tant dans le pays qu'à l'étranger. — On en façonne de toutes les dimensions sur commande, jusqu'à un mètre de côté.)
Charleroy (environs)	0225	0105	0055	Médiocres à cause du peu de soins apportés au choix et à la préparation des terres. (*Obs.* Ces briques sont très-bon marché ; elles ne reviennent pas à plus de 6 francs le mille.)
Châtelet.	0205	0110	0060	Briques réfractaires, mais assez peu estimées.
	0231	0104	0055	Assez bonnes, cassantes, quoique dures à pulvériser, blanchâtres.
Cuesmes, près de Mons.	0226	0110	0058	Idem.

LIEUX de FABRICATION.	DIMENSIONS.			QUALITÉ.
	Longueur.	Largeur.	Épaisseur.	
Jemmapes (Flénu).	0251	0110	0058	Très-bonnes et bien formées ; elles sont sonores et le grain en est fin et serré.
Quaregnon	0230	0109	0058	Bonnes.
Nimy-Maisières . .	0228	0107	0057	Cassantes et tendres à pulvériser.
Mons (faub. d'Havré).......	0230 / 0228	0108 / 0107	0057 / 0057	Assez bonnes, mais difformes.
Tournay (faubourg de Valenciennes)..	0220	0110	0060	Assez bonnes.
	0230	0110	0055	Moyennement bonnes.
Ath (environs). . .	0230	0110	0060	Très-bonnes, lorsqu'elles sont bien cuites : elles résistent parfaitement à la gelée et aux intempéries, mais elles sont un peu irrégulières ; ce qui doit être attribué au peu de soin qu'on apporte dans la fabrication.
Anseremme lez-Dinant.......	0225	0105	0055	Médiocres et de peu de durée : l'argile qui sert à ces briques est riche en sous-carbonate de chaux.
Philippeville (environs).......	0220	0105	0060	Médiocres, c'est-à-dire meilleures que celles de Bruxelles, mais moins bonnes que celles de Boom ; elles sont en général peu sonores. — Celles qui ont été exposées à la violence du feu pendant la cuisson sont vitrifiées et collées les unes aux autres.
Couvin	0220	0100	0055	Assez bonnes, quoique fabriquées avec peu de soin ; couleur brune.

§. 3. — *Ardoises*.

Nous ne pourrions que répéter ici ce que nous avons déjà dit au paragraphe précédent, auquel nous renvoyons pour l'indication des carrières, etc.

Les ardoises doivent être choisies saines, dures, sonores, ni trop épaisses ni trop minces, surtout point poreuses, ce dont on peut s'assurer en les plongeant en partie dans l'eau ; si, au bout de douze heures, l'humidité n'a pas gagné plus de 0^m01 au-dessus de la partie immergée, l'ardoise peut être considérée comme de bonne qualité.

On fait quelquefois recuire les ardoises pour les rendre plus dures ; elles acquièrent alors une teinte plus rougeâtre et peuvent être d'un meilleur usage, mais il faut avoir grand soin de ne pas abuser de ce procédé, qui a le défaut de les rendre souvent très-cassantes ; il n'est, du reste, presque pas employé.

§. 4. — *Tuiles et carreaux*.

La confection de la tuile a beaucoup de rapport avec celle de la brique, mais elle exige une terre beaucoup mieux préparée, beaucoup plus de soins dans le moulage, ainsi qu'une cuisson plus parfaite et plus régulière. Au surplus, les tuiles doivent toujours être séchées à l'ombre et cuites au four.

Une cuisson incomplète rend les tuiles poreuses ; elles restent alors tendres, se pénètrent d'humidité et s'effeuillent à la gelée.

Une bonne tuile doit être inattaquable à la gelée, bien moulée, et doit rendre, quand on la frappe, un son clair et presque métallique ; sa force doit être suffisante pour que, posée à terre, le côté convexe en dessus, elle puisse supporter le poids d'un homme sans se rompre ; enfin, elle doit être complétement imperméable. Dans quelques endroits, on a essayé de lui donner cette qualité en la vernissant; mais, fort souvent, le vernis s'écaille au bout de peu de temps.

Aujourd'hui, nos meilleures tuiles sont celles de Boom près d'Anvers, où de nombreuses fabriques, en produisent des quantités considérables. Quand ces tuiles sont neuves, elles laissent filtrer, dans les premiers moments de leur emploi, l'eau en quantité assez forte, mais, au bout de très-peu de temps, leurs pores se bouchent et l'inconvénient disparaît. Nous avons eu l'occasion de voir donner aux tuiles des couches de peinture à l'huile, mais, malheureusement, nous n'avons pas pu en connaître le résultat : toutefois, nous augurons bien de cette opération.

On donne aux tuiles un grand nombre de formes différentes, mais les plus habituellement employées sont : les *tuiles plates*, qui ont à peu. près la forme d'une ardoise, les *tuiles creuses* et les *tuiles flamandes* ou *pannes*, dont la section transversale représente la forme d'un S.

Nous citerons encore les tuiles plates à rebords avec recouvrements ou *tuiles-canal*, et les nouvelles tuiles plates fabriquées, depuis quelques années, par MM. Delangle et Josson d'Anvers. Les premières, très-employées en Italie, sont d'un effet aussi gracieux que pittoresque, quand leur jolie couleur rouge clair se détache sur un massif de verdure; nous souhaitons vivement de les voir appliquer aux constructions rurales, surtout à celles auxquelles on veut conserver leur caractère champêtre.

Les secondes (fig. 1), dont nous reparlerons à l'article *Couverture*, sont également d'un très-bel effet et paraissent d'un fort bon usage; nous croyons pouvoir les recommander pour toutes les constructions soit de ville, soit de campagne.

EE, sont des rebords saillants pratiqués à la face inférieure; ils s'appliquent sur la ligne pointillée tracée à la face supérieure, et qui longe un second rebord contournant le haut de la tuile. Le talon **T** sert à la retenir sur le lattis ; les deux tenons **BB**, s'emboîtant dans les

deux mortaises **AA**, achèvent de la consolider et empêchent tout ballottement. Ces tenons et mortaises étant taillés à queue d'aronde, les tuiles, par cette disposition, résistent parfaitement aux vents les plus forts.

Les *carreaux*, dont la manipulation est à peu près la même que celle des tuiles, se font avec les mêmes qualités de terres ; mais, de préférence, d'une nature un peu plus siliceuse, afin qu'ils ne gauchissent pas au séchage ou à la cuisson, défaut capital, qui les rend d'un très-mauvais emploi et doit même les faire rebuter.

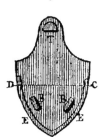

Fig. 1.

Un bon carreau, comme nous l'avons dit pour les briques et les tuiles, doit rendre, sous le choc d'un corps dur, un son clair et presque métallique, offrir une cuisson égale, une couleur régulière, et présenter une surface parfaitement droite.

Les carreaux sont ordinairement de forme carrée ou hexagonale, mais on en fait de forme triangulaire et octogonale.

Les tuiles, pannes et carreaux se fabriquent dans toutes les provinces de la Belgique. Quoique de qualités variables, ces produits sont généralement bons ; il en est d'excellents en quelques localités et notamment à Boom.

Voici la liste des communes, où se trouvent les principales fabriques :

Brabant.

Hal ; — Rebecq ; — Cortenacken ; — Louvain, dépôts considérables.

Anvers.

Anvers ; — Boom, fabriques très-importantes et produisant les meilleures qualités ; — Oost-Malle ; — Wortel.

Flandre occidentale.

Courtrai ; — Herseaux ; — Poperinghe ; — Roulers, fabriques assez importantes ; — Thourout ; — Alveringhem ; — Beveren (frontière Dottignies.)

Flandre orientale.

Audenarde ;—Eename ;—Moorgem ;—Saint-Nicolas ; — Waes, fabriques assez importantes ; — Stekene.

Hainaut.

Baudour ; — Blaregnies ; — Brugelette ; — Châtelet, fabriques considérables ; — Escanaffles ; — Frasnes-lez-Buissenal ;—Gaurain ;—Ghislenghien ;—Gottignies ;— Leuze ; — Leval-Trahégnies, importantes ;— Ligne ; — Marchienne-au-Pont ; — Maubray ; — Mellet, assez importantes;—Malines ;—Ollignies ;—Pipaix ;—Rebaix ; Rougy, importantes ; — Seneffe ; — Sirault, fabriques très-importantes ;—Strepy ;—Anseroeul ;—Antoing ;— Lodelinsart, *pannes en verre;*—Thumaide ;—Tournay.

Namur.

Andennes ; — Bouvines ; — Auvelais ; — Daussois ; — Hauzinne ; — Morialimé ; — Ohay.

Limbourg.

Hénis ; — Brée ; — Cosen ; — Exel ; — Gerdingen ;— Gingelom ; — Hasselt ; — Looz ; — Peer ; — Reckeim ; — Schuelen, assez considérables ; — Tongres, id., id. ; —Veyer.

Liége.

Aubel ; — Ben-Ahin ; — Berneau ; — Ghlin ; — Grivegnée ;—Horion-Hozémont ;—Saint-Séverin.

Luxembourg.

Rulles.

§ 5. — *Chaux.*

La chaux, employée à la confection du mortier, s'obtient, comme tout le monde le sait, par la calcination des pierres calcaires.

Les chaux, suivant la nature de la pierre employée à leur fabrication, se divisent en *chaux grasse, chaux maigre* et *chaux hydraulique ;* elles jouissent toutes, mais à des degrés très-différents, de la propriété d'absorber l'eau avec dégagement de chaleur, de se déliter en passant à l'état d'hydrate, et de se solidifier au bout de quelque temps d'exposition à l'air, ou sous l'eau.

On donne le nom de chaux grasse à celle que l'on obtient des pierres les plus pures, comme les marbres, les craies, etc. Cette chaux, toujours très-blanche, foisonne beaucoup par l'extinction, et forme avec l'eau une pâte très-liante. La chaux grasse peut donner, avec deux fois son volume de sable quartzeux fin, mais bien grenu, un mortier d'une excellente qualité ; c'est celui que l'on emploie le plus ordinairement dans le pays où la craie est abondante. Elle ne durcit qu'au bout d'un temps assez considérable, mais, entre les mains de ceux qui savent l'employer, elle est d'un très-bon usage. (*Voyez mortiers.*)

Les chaux maigres, produites par la calcination de pierres qui contiennent de la silice ou de l'alumine en fortes quantités, augmentent peu de volume à l'extinction, dégagent peu de chaleur, ne se dissolvent qu'imparfaitement dans l'eau en laissant un résidu sablonneux, et ne donnent qu'une pâte peu tenace.

Dans la confection des mortiers, elles ne peuvent supporter que très-peu de sable, mais ceux-ci ont la propriété d'acquérir, en fort peu de temps, une dureté assez grande.

Les chaux hydrauliques dont nous devons la découverte à M. Vicat, ingénieur en chef des ponts et chaussées, diffèrent des autres en ce que, employées en pâtes fortes, pures ou mélangées de sable, elles jouissent de la propriété de prendre sous l'eau une grande dureté en assez peu de temps.

On appelle chaux *moyennement hydraulique*, celle qui durcit après une quinzaine de jours d'immersion ; chaux *hydraulique ordinaire*, celle qui durcit après six ou huit jours ; enfin *chaux éminemment hydraulique*, celle qui est prise du deuxième au quatrième jour.

Ces différentes chaux hydrauliques sont déjà complétement insolubles au bout d'un mois ou de six semaines ; après six mois, elles ont acquis la dureté de la pierre calcaire, et présentent une cassure écailleuse. Cette propriété parait être due principalement à la présence d'une certaine quantité d'argile dans la pierre soumise à la calcination. M. Vicat pense que ce genre de calcaire se trouve presque partout, et qu'il ne s'agit que de le chercher. Voici la composition des pierres qui donnent des chaux hydrauliques :

Chaux éminemment hydraulique : Chaux 80, argile 20.

Chaux hydraulique : Chaux 83, argile 17.

Chaux moyennement hydraulique : Chaux 89, argile 11.

La magnésie communique aussi à la chaux des propriétés hydrauliques, mais beaucoup moins énergiques que celles produites par l'argile. Sa proportion doit être de 40 à 50 pour cent.

La chaux doit, autant que possible, être éteinte aussitôt qu'elle est cuite et refroidie ; plus on attend et plus elle perd de ses qualités. Si l'on différait trop longtemps, elle s'éventerait, c'est-à-dire s'effleurirait en absorbant l'humidité de l'air, et ne serait plus bonne. Ainsi donc, aussitôt que la chaux arrivera sur le chantier, on la placera dans un bassin préparé à l'avance et soigneusement carrelé, et l'on y jettera une petite quantité d'eau. La chaux commencera immédiatement à bouillonner et à se crevasser. Alors on y ajoutera de la nouvelle eau en la remuant continuellement au *rabot*, jusqu'à ce qu'il n'y ait plus d'effervescence. On ouvrira une petite vanne, pratiquée à l'un des côtés du bassin, et l'on fera couler la chaux éteinte au travers d'une grille serrée, dans un autre bassin ou réservoir inférieur; l'on réitérera cette opération, jusqu'à ce que toute la chaux soit coulée ou que le réservoir soit plein. Alors, si la chaux doit être conservée, aussitôt qu'elle sera prise, on la recouvrira d'une épaisse couche de sable. Lorsqu'on voudra l'employer, il suffira de la ramollir en la battant au rabot sans y ajouter d'eau.

En quelques endroits, on se contente d'éteindre la chaux en la mettant en tas que l'on arrose d'eau, et que l'on recouvre ensuite de sable. Ce moyen est fort simple, mais inférieur à l'autre.

Quant à la chaux hydraulique, elle doit être employée du jour au lendemain de son extinction.

Pour essayer la chaux, on l'éteint, puis on la réduit en pâte forte que l'on broie bien. On introduit cette pâte dans un verre; on la tasse en frappant sur la main, puis on plonge le verre dans l'eau. En l'examinant de temps en temps, on s'assurera du moment où elle aura fait prise, ce qui a lieu quand on ne peut plus y enfoncer le doigt. La chaux éminemment hydraulique doit faire prise en trois ou quatre jours.

La Belgique produit, en plusieurs endroits, des calcaires hydrauliques, mais il sera peut-être agréable à nos lecteurs de connaître le moyen de fabriquer de la chaux hydraulique, moyen trouvé par MM. de Saint-Léger et Vicat.

On mélange une partie d'argile avec quatre de craie, et l'on en forme, avec la quantité d'eau nécessaire, une bouillie que l'on reçoit dans un bassin. Lorsque les parties solides se sont déposées, on décante, et du dépôt de craie et d'argile on façonne des espèces de briques, que l'on calcine par les procédés ordinaires, en ayant soin, toutefois, de ne pas employer un feu trop violent.

La quantité de silice ou d'argile contenue dans un calcaire est facile à reconnaître. Il suffit d'en faire dissoudre un échantillon dans l'acide azotique (eau-forte) ou dans l'acide chlorhydrique (esprit de sel) étendus d'eau : la chaux seule étant soluble, l'argile ou la silice forme un dépôt au fond du vase, dépôt dont on peut faire le dosage.

Nous avons donné, en parlant des *pierres*, un tableau des principales carrières de la Belgique, auquel nous renvoyons pour la connaissance des différentes sortes de pierres à chaux que l'on y exploite.

§ 6. — *Sable.*

Les sables peuvent être siliceux, calcaires ou argileux. Ils diffèrent aussi par la forme et la grosseur des grains, et, malheureusement, par une économie malentendue, par fraude ou par ignorance, on les emploie, presque indistinctement tous, à la confection des mortiers. On va même jusqu'à prendre pour cet usage les boues des rues nouvellement pavées et celles des chemins. Certainement on peut obtenir de ces mélanges une pâte d'une certaine dureté, mais jamais un véritable mortier, capable d'adhérence réelle aux pierres dont il doit opérer la liaison.

Le sable siliceux seul est propre à former un bon mortier, et, dans toute bonne construction, on doit exiger son emploi exclusif. Cependant, si l'on emploie une chaux éminemment hydraulique, le choix du sable est indifférent. On peut même le remplacer par de la terre ou de la poussière de calcaire.

On trouve du sable de deux sortes : le sable proprement dit ou sable de carrière, et le gravier ou sable de rivière. Pour toutes les constructions en briques ou en pierres de taille, le premier doit être préféré à cause de la finesse de son grain, qui permet de faire des joints plus minces; le second s'emploie avantageusement pour les maçonneries de moellons, les fondations, etc. Celui-ci produit des mortiers d'une fort bonne qualité, qui peuvent devenir très-durs avec le temps, mais la grosseur de son grain, qui égale et même dépasse le volume de la moitié d'un grain de café, ne permet pas de l'appliquer aux constructions soignées, à moins qu'il ne soit parfaitement criblé.

Le sable de carrière doit être bien grenu et dépourvu, autant que possible, des parties terreuses. Il est très-facile de juger de sa qualité, en le pétrissant dans les doigts quand il est humide ; il doit être criant, point pâteux, ne pas former de boule, et ·laisser la main propre.

L'action du sable siliceux dans le mortier est très-importante à cause de son affinité pour la chaux, affinité qui, par une dessication lente à l'abri de l'air et du soleil, peut donner lieu à une combinaison d'où résulte une véritable pierre factice, souvent plus dure que celles auxquelles il a servi de liaison.

Quant au sable de mer, il doit être banni comme ne valant absolument rien.

Les carrières de sable se trouvent à peu près partout. Le Hainaut à lui seul en compte trente-huit, qui sont situées à Blandain, Boussu, Brugelette, Bury, Carnières, Couilles, Ellezelle, Erquelinnes, Erquenne, Everbecq, Flobecq, Gozée, Grandrieu, Hollain, Hyon, Jumet, Kain, Leerne, Leuze, Lobbes, Marcinelle, Monceau-sur-Sambre, Mons, Mont-sur-Marchienne, Pecq, Rièzes, Sivre, Thirimont et Waudée. La province de Liége en possède également de fort belles.

Pour certaines constructions qui ont besoin d'une solidité toute particulière, comme, par exemple, les revêtements des citernes et autres réservoirs, on remplace les sables par les *pouzzolanes*, qui, mélangées avec la chaux, donnent des mortiers d'une dureté extraordinaire.

La pouzzolane naturelle est une sorte de sable calciné par les feux volcaniques, et qui se trouve particulièrement à Pouzzol, ville d'Italie, dont elle a pris le nom.

On en trouve aussi dans la plupart des endroits
où il existe des volcans éteints, comme en Auvergne,
dans le Limousin, dans les Cévennes, en Écosse et en
Amérique, mais la meilleure est toujours celle d'Italie.

La pouzzolane de Rome est d'un brun mêlé de particules jaunes de cuivre. Elle s'emploie seule avec la
chaux. Celle de Naples comprend quatre sortes : la jaune,
la grise, la brune et la noire ; on doit, en la combinant
avec la chaux, y ajouter une certaine quantité de
sable.

On tire aussi d'Andernach, petite ville sur les bords du
Rhin, à peu de distance de Coblentz, sous le nom de
trass d'Allemagne, une véritable pouzzolane, produite
par une roche volcanique pulvérisée ; elle est très-énergique et fréquemment employée dans les ouvrages hydrauliques. C'est cette même substance que l'on désigne
aussi sous le nom de *trass de Hollande*. Viennent ensuite les pouzzolanes artificielles qui sont : Les *ciments*
dits *romains*, fabriqués avec succès à Anvers, à Boom
et à Tournay. La *tuilée*, composée uniquement de vieilles
tuiles pilées et réduites en poudre fine. C'est cette tuilée
qui donne, avec un tiers ou deux cinquièmes de chaux
grasse, l'excellent mortier hydraulique employé, en
Picardie, à la construction des nombreuses et vastes
citernes qui se trouvent dans toutes les habitations pour
la conservation des eaux pluviales. Enfin, la *cendrée de
Tournay*, les scories de houille broyées et tamisées, et,
à défaut d'autres, la brique pilée, qui se vend souvent
comme tuilée, mais qui est très-loin de la valoir. La
cendrée de Tournay est formée des cendres de la houille
qui a servi à la cuisson d'une espèce de chaux maigre.
Mélangée naturellement avec la poussière de cette chaux,
elle produit aussi un très-bon mortier hydraulique ; elle
s'emploie seule pour les conduits et les réservoirs ; pour
les autres ouvrages, on peut la mêler à un quart ou un
tiers de sable.

§ 7. — *Mortiers.*

Suivant leur destination, les mortiers se divisent en deux classes : 1° les *mortiers employés sous l'eau* ou dans les endroits très-humides, qui doivent *prendre* très-vite, durcir au bout de peu de temps, et résister complétement à l'action dissolvante de l'eau ; 2° les *mortiers ordinaires*, employés dans les constructions moins exposées à l'humidité.

Les premiers se composent de chaux grasse, éteinte avec soin, parfaitement mêlée, et battue avec deux fois son volume de tuilée, pouzzolane très-énergique, trass ou cendrée, ou de parties égales de chaux hydraulique et de l'une des substances ci-dessus.

Les seconds se composent de chaux et de sable mélangés suivant la qualité de la chaux, dans les proportions suivantes :

Chaux grasse éteinte. . . . . 50 parties, sable 100
Chaux médiocrement grasse. . 55 parties, sable 100
Chaux maigre. . . . . 60 parties, sable 100
Chaux hydraulique. . . . . 70 parties, sable 100

Ces proportions sont indiquées en volume. La chaux doit être préalablement éteinte et réduite en pâte ferme, et le sable de bonne qualité, bien grenu, criant sous les doigts, et de grosseur moyenne de 1 millimètre environ.

Le principal soin à apporter dans la confection de tous les mortiers est un *corroyage* ou broiement parfait, qui s'effectue sur une aire bien battue et même carrelée : on mêle avec soin la chaux et le sable ou ciment, au moyen d'un *broyon* ou *rabot*, jusqu'à ce que le mélange soit intime et forme un tout parfaitement homogène, condition capitale qui fait dire avec raison que *c'est le corroyage qui fait le mortier.*

Le bon mortier doit toujours se faire avec le moins d'eau possible. Quand il est confectionné quelque temps avant son emploi, on doit le recouvrir de sable pour le préserver du contact de l'air, et le rebattre *sans addition d'eau* au moment de s'en servir. Moyennant ces précautions, loin de perdre de ses qualités, il acquiert, au contraire, celle de durcir plus vite et de prendre moins de retrait. Mais, comme un mortier aussi épais ne pourrait s'employer avèc des matériaux secs et absorbants, on devra, avant de poser ceux-ci, les laisser tremper dans l'eau pendant quelques minutes.

Quant au mortier de tuilée et chaux grasse, que nous recommandons tout spécialement pour les citernes et les réservoirs, il doit être fait au moins huit jours à l'avance, et rebattu à trois ou quatre reprises avant d'être employé; ce n'est que par ce moyen que l'on obtient une maçonnerie sans retrait et des enduits sans gerçures.

Nous ferons toutefois remarquer que les mortiers de chaux maigre et de chaux hydraulique ne doivent pas subir un battage aussi prolongé, car, au lieu de gagner de la force, ils ne feraient que perdre le peu de liant qu'ils possèdent.

Nous citerons encore le *mortier bâtard,* qui est un mortier ordinaire de chaux et de sable, auquel on ajoute, au moment de s'en servir, une quantité plus ou moins forte, suivant l'usage auquel on le destine, de plâtre ou de gypse. Ce mortier, qui ne vaut absolument rien dans les endroits humides, à cause de l'hygrométricité du plâtre, présente, au contraire, de grands avantages pour certains emplois, à cause de sa propriété de durcir au bout de quelques heures, d'adhérer très-fortement aux matériaux qu'il est destiné à unir, et d'augmenter de volume en se *prenant,* ce qui le rend précieux pour certaines réparations.

Quant au plâtre pur, il ne doit être employé, quand on peut se le procurer facilement, que pour enduits et plafonds. Il est indispensable pour les scellements de ferrures dans les maçonneries de briques.

En terminant, nous donnerons différentes compositions de ciments qui, pour n'être pas des mortiers proprement dits, n'en doivent pas moins être connus.

Le ciment des fontainiers, nommé aussi *ciment perpétuel* ou *ciment éternel,* se fait avec de la chaux vive qu'on éteint en la broyant avec de la tuilée, du mâchefer en poudre, et quelquefois de la poussière de houille. Ce mélange, corroyé à force de bras, doit s'employer dans la journée.

On compose un très-bon ciment de rejointoyement avec de la chaux vive éteinte dans du sang de bœuf, et mélangée ensuite, sans proportions bien fixes, avec de la tuilée et de la limaille de fer ; ou bien, en faisant tout simplement oxyder dix kilogrammes de limaille de fer dans deux litres de vinaigre ou d'urine.

Le *maltha* des Romains, si renommé pour son extrême dureté, et qu'on appliquait sur les mortiers plus ordinaires pour les conserver, se préparait en éteignant de la chaux dans du vin et en la mêlant avec de la résine réduite en poudre. Ce procédé est encore aujourd'hui employé en Navarre, où les vins sont presque sans valeur. À notre avis, dans les pays moins favorisés, le vin pourrait être remplacé par quelque autre liquide naturel ou artificiel. Déjà des essais ont été faits avec du petit-lait, et ils ont produit de bons résultats.

§ 8. — *Béton.*

Quoique le béton ne soit par lui-même qu'une espèce de mortier, son extrême utilité et la manière dont on l'emploie nous ont déterminé à en parler spécialement et avec quelques détails.

Le béton est un mortier mélangé de graviers, d'éclats de pierres calcaires ou quartzeuses, de fragments de briques, de débris de poterie, etc., et qui forme, à lui seul, une sorte de maçonnerie très-économique et d'une extrême solidité. Le béton se fait avec de la chaux vive nouvellement cuite, que l'on étend dans un bassin circulaire formé avec les autres substances qui doivent entrer dans sa confection; on y jette l'eau nécessaire, et lorsque la chaux est arrivée à son plus grand degré de chaleur, on mélange le tout aussi rapidement et aussi complétement que possible, et on l'emploie aussitôt.

La propriété principale du béton est de prendre dans l'eau et d'acquérir une très-grande dureté dans les endroits humides, ce qui le rend d'un très-grand secours pour les fondations. En effet, lorsqu'on veut élever un bâtiment, on est souvent obligé de creuser à de grandes profondeurs pour trouver ce que l'on appelle ordinairement le *bon banc*, c'est-à-dire une couche de terrain d'une solidité suffisante pour y établir les fondations. Fréquemment encore, il arrive que des infiltrations d'eau entravent la continuation des fouilles, et nécessitent l'emploi toujours très-dispendieux des pilotis. Le béton permet d'obvier à ces inconvénients, en donnant les moyens de former, même sous l'eau, un massif compact, un véritable terrain artificiel, beaucoup plus résistant et moins compressible que la terre franche la plus dure.

Le béton est encore précieux pour former des pavés de caves, des aires de granges, des fonds de bassins, etc., etc. On l'a même recommandé pour la construction des voûtes de caves, et voici comment on en proposait l'emploi : Après avoir creusé quatre tranchées correspondant aux quatre murs ou *pieds droits* de la cave, on formait, avec la partie supérieure du *dé* ou cube de terre réservé à la place de la cave, une espèce de moule ou plutôt de noyau, présentant en relief, à sa partie supérieure, le cintre intérieur de la voûte, puis on amenait, dans ce moule de cave, une quantité de béton suffisante pour le remplir. Après s'être assuré que la forme de la voûte était recouverte d'une couche de béton d'une épaisseur suffisante, comme par exemple de 0^m30 à 0^m35, on recouvrait le tout de quelques décimètres de terre, afin de préserver le béton du contact de l'air qui l'empêche de durcir, puis on l'abandonnait à une dessiccation lente.

Au bout d'un temps convenable, que nous ne saurions préciser, n'ayant pas expérimenté ce procédé, on enlevait la terre du noyau, et la cave était faite.

Nous ne donnons cet emploi du béton que sous toutes réserves, mais nous ne le croyons nullement impossible. En pareil cas, on pourrait mélanger le béton avec de très-grosses pierrailles.

Quelques constructeurs recommandent de battre ou de tasser le béton quand il est en place. M. l'ingénieur Vicat, auteur d'observations précieuses sur les mortiers et ciments, ne partage nullement cet avis.

§ 9. — *Mastics.*

Quoique, sous plusieurs rapports, les mastics semblent avoir la plus grande analogie avec les mortiers, leur composition en fait cependant des substances parfaitement distinctes.

Les mastics se composent ordinairement d'une substance inerte, pulvérisée et réduite en pâte au moyen d'une matière grasse ou résineuse.

Le plus ordinaire des mastics est celui des vitriers : il est formé tout simplement de blanc de craie, nommé, suivant les localités, *blanc d'Espagne, petit blanc, blanc de Meudon*, etc., parfaitement pulvérisé, et réduit en pâte assez ferme avec l'huile de lin. Ce mastic, qui a besoin d'être fortement battu et pétri longtemps, devient très-dur en vieillissant, mais il ne prend que lentement, surtout quand on l'applique sur des châssis métalliques. On peut le rendre beaucoup plus siccatif en y ajoutant un peu de minium ou de la litharge. On emploie, pour les joints de certaines pièces des machines à vapeur et autres, un mastic préparé de la même manière, qui est fait avec du blanc de céruse et du minium ; il sèche très-rapidement, mais son prix élevé en restreint considérablement l'emploi.

Après le mastic des vitriers, celui qui s'emploie le

plus fréquemment dans les constructions est celui des fontainiers. On le prépare en faisant fondre 100 parties d'arcanson ou résine, auxquelles on ajoute, peu à peu, en mêlant bien, 200 parties de poudre ou ciment de briques très-fin. On le conserve en pains, et pour l'employer on le refond à une douce chaleur. On peut le rendre plus liant en fondant ensemble 100 parties de résine, 50 parties de graisse de mouton ou de bœuf et 50 parties de poix noire. Lorsque ces substances sont fondues et bien mélangées, on y incorpore environ 300 parties de ciment de brique.

Tous ces mastics peuvent servir à jointoyer des tuyaux, boucher des fuites, etc., comme ils servent aussi à rejointoyer et réparer des pierres, des marbres, etc. On peut, au ciment de briques, substituer la même quantité de poussière de pierre, offrant la couleur de celles que l'on veut réparer.

Nous terminerons cet article en donnant encore quelques recettes de mastics tous également bons.

Mastic de Dilh. — Ce mastic si vanté et qui ne se distingue des autres que par son prix beaucoup plus élevé, se compose de ciment de terre à porcelaine et de litharge mis en pâte avec de l'huile de lin.

Mastic pour tuyaux. — On mélange d'abord 100 parties de ciment de brique très-fin avec autant de chaux éteinte à l'air, et 10 à 12 de limaille de fer, puis on forme une pâte du tout, avec 10 parties de suif et la quantité d'huile de lin nécessaire pour former une pâte bien compacte.

Le mastic employé par quelques peuplades sauvages pour fixer les pierres de leurs haches, mastic qui acquiert une extrême dureté, a été analysé par Laugier, qui y a trouvé sur 100 parties : 49 de résine, 37 de sable, 7 d'oxyde de fer et 3 de chaux.

§ 10. — *Bois.*

Dans toute bonne construction, le bois doit être exclusivement réservé pour les planchers et les combles.

Il est cependant encore des contrées où l'on a conservé la déplorable habitude de remplacer les gros murs des bâtiments par de simples assemblages de charpente, remplis de torchis et de plâtras, ou encore par une légère maçonnerie d'une demi-brique d'épaisseur. Il est à espérer que ces mauvaises constructions, aussi froides que dangereuses en cas d'incendie, et qui, pour ces raisons, deviennent chaque jour de plus en plus rares, finiront par être complétement abandonnées, interdites même, et, tout au plus, tolérées pour quelques constructions isolées et sans importance.

Les pans de bois exigent du reste l'emploi du bois de chêne, dont le prix tend constamment à s'élever, et qu'aucun autre bois ne peut remplacer pour cet usage, si ce n'est dans les légères constructions de torchis et de bois brut, désignées sous le nom de *colombage*, pour lesquelles tous les bois sont bons.

Quant aux combles et aux planchers, les bois les plus convenables pour leur construction, sont le chêne et le sapin; mais comme l'emploi de ces bois n'est pas exclusif, et que, souvent même, le propriétaire peut avoir d'autres arbres dont il désire faire usage, il ne sera pas superflu d'indiquer rapidement les qualités de bois qui peuvent être employées, tant pour la charpente que pour la menuiserie.

En toute première ligne, vient le *chêne*, qui réunit toutes les qualités d'un excellent bois de construction. Les dimensions énormes qu'il peut acquérir, la résistance et la dureté de son bois, qui cependant ne l'empêchent pas de se travailler avec facilité, la propriété dont il jouit de se conserver un temps infini à l'air ou dans l'eau, doivent lui faire accorder la préférence sur tous les autres pour les ouvrages exposés à une grande fatigue, ou aux intempéries de nos climats du Nord. On voit encore, dans quelques vieux édifices, des charpentes en bois de chêne qui existent depuis cinq ou six siècles, et qui sont parfaitement conservées.

Sous le rapport de l'utilité, nous mettrons le *sapin* immédiatement après le chêne. Comme lui, il atteint de très-grandes proportions, et son bois léger, roide, toujours de fil, et doué d'une assez grande élasticité, le rend d'un usage précieux pour la charpente et la menuiserie. Malheureusement, son grain poreux et inégal rend souvent les assemblages peu solides; c'est pourquoi il ne doit être mis en œuvre que par des ouvriers habitués à le travailler, et malgré cela les joints devront, dans certains cas, être consolidés par quelques ferrures, précaution inutile avec un bois plus compact.

On trouve dans le commerce plusieurs qualités de sapins, qui sont plus ou moins *gras*, suivant la quantité de résine restée dans leurs pores : on les distingue ensuite en *sapins blancs* qui sont les plus communs, et en *sapins rouges* qui sont plus rares et plus chers, mais de beaucoup supérieurs aux premiers.

Ces derniers seuls peuvent supporter quelque humidité.

Le *châtaignier* était autrefois très-recherché pour ces admirables charpentes, qui couronnaient toutes les vastes cathédrales du moyen âge. Il offre, à peu près, le grain du jeune chêne. C'est de tous les bois celui qui se tourmente le moins, qui prend le moins de retrait et qui peut-être est le moins sujet à être attaqué par les vers.

L'*orme* ne s'emploie pas ordinairement en charpente, parce qu'il est sujet à la *vermoulure*. Cependant, comme il est très-liant, et qu'il résiste parfaitement à l'eau, on l'emploie avec avantage à la fabrication des moulins, des roues hydrauliques, des tuyaux et des corps de pompe. Il est généralement employé à la confection des vis et écrous de pressoirs.

Le *frêne* est encore un bois très-solide qui, par les grandes dimensions qu'il acquiert, peut rendre d'assez bons services en charpente; il est très-solide, mais sa grande flexibilité oblige de lui donner un fort équarrissage, si l'on veut obtenir une charpente et surtout des planchers suffisamment fermes.

Le *charme* fournit un bois très-serré et d'une grande dureté. On ne le rencontre guère en pièces assez fortes pour être employé en charpente; il peut assez avantageusement remplacer l'orme pour les confections des vis de pressoirs, etc., etc. ; il s'emploie habituellement pour le charronnage et la confection de certains outils.

Le *hêtre* est un assez bon bois de charpente, d'un prix peu élevé, dur, mais peu nerveux, et très-sujet à se tourmenter, même après des années de mise en œuvre ; c'est pourquoi on ne doit l'employer que parfaitement de fil, sans nœud, et aussi sec que possible, ou, tout au moins, bien débarrassé de sa séve. Exposé longtemps à une chaleur sèche, il acquiert une telle dureté qu'il est quelquefois impossible d'y faire entrer un clou.

Le hêtre se comporte en général bien dans l'eau, mais à la condition expresse d'être constamment immergé.

Le *bouleau* est un bois blanc, tendre, léger, qui se travaille fort bien ; il est très-bon pour la menuiserie commune et quelques charpentes légères. Quoique peu consistant, il est assez nerveux et se conserve bien.

L'*aune*, qui croît dans les lieux humides, fournit un bois tendre et léger, qui ne serait que d'une médiocre utilité s'il n'avait la propriété de se conserver dans l'eau, ce qui permet de l'employer pour piloter des ouvrages peu importants. Il y en a de deux espèces; on doit préférer celui qui présente une couleur fauve, attendu qu'il est un peu plus ferme que l'autre.

On peut aussi en faire des corps de pompe et des tuyaux de conduite.

Le *peuplier* donne, comme l'aune et le bouleau, un bois tendre et léger, assez bon pour les ouvrages de menuiserie qui n'exigent pas une grande solidité. Il y en a de plusieurs espèces : le *noir*, le *blanc*, le *peuplier d'Italie*, le *peuplier du Canada*, celui de *Hollande*, etc. En construction, le peuplier est particulièrement employé, débité en *voliges* ou *feuillets*, pour les couvertures en ardoises. On peut aussi s'en servir comme bois de charpente, mais avec circonspection, et seulement pour des constructions de très-peu d'importance.

Le *tremble* est une espèce de peuplier dont le bois est tellement mou qu'il doit être rejeté.

Le *tilleul* est un bois doux, léger et liant, mais tendre comme les autres bois blancs. Il peut s'employer en menuiserie et en légères charpentes.

Le *mélèze* est un arbre qui atteint d'énormes proportions, et qui fournit un bois dont on ne saurait trop recommander l'usage, mais qui, malheureusement, est encore peu répandu. Il est moins dur que le chêne, mais plus léger et presque aussi roide. Plus consistant que le sapin, il serait d'un très-grand secours pour la charpente et la menuiserie, s'il était plus commun. Il jouit encore de l'avantage d'acquérir sous l'eau, et dans les terrains humides, une dureté véritablement extraordinaire.

Quant aux arbres fruitiers, leur bois est, en général, plus convenable pour la menuiserie que pour la charpente. Tout le monde sait quel parti l'on tire du cerisier ou merisier, avec lequel on fabrique des meubles très-propres. Nous en avons vu de fort jolis chez le propriétaire d'un vaste domaine, exclusivement fabriqués avec le bois de quelques vieux pommiers, pruniers et abricotiers, provenant de ses jardins. Ces bois, de grain fin et serré, se polissent bien et présentent souvent des nuances très-agréables, mais ils se retirent beaucoup ; c'est pourquoi on ne doit les employer que très-secs, et longtemps après qu'ils ont été débités.

Quant au *noyer*, son bois est trop recherché par certaines industries, et d'un prix trop élevé pour qu'il soit possible de l'employer en charpente. Pendant quelque temps, on en a fait des meubles qui ont eu une grande vogue, malgré leur couleur terne et désagréable, mais la mode en est passée depuis longtemps.

Termes techniques usités dans le langage des marchands de bois et des entrepreneurs.

Bois affaibli, qui a été aminci dans certaines parties pour une cause quelconque, ou qui est percé de mortaises, trous, etc.

Bois apparent, qui, étant mis en œuvre, reste exposé à la vue comme ceux des ponts, garde-fous, poteaux de hangars, etc.

Bois blanc, bois tendre, sans consistance et de peu de valeur, quelle que soit sa nuance.

Bois bouge, gauche, courbé, tordu.

Bois catiban, bois dont trois côtés sont bons, mais le quatrième défectueux.

Bois carié, atteint de pourriture.

Bois déchiré, qui provient de démolition.

Bois déversé, qui, après avoir été dressé ou travaillé, s'est déjeté d'une façon quelconque.

Bois d'échantillon, équarri et coupé sur des dimensions données.

Bois d'entrée, qui n'est pas encore suffisamment sec.

Bois équarri ou *d'équarrissage,* arbre dont les quatre faces ont été taillées d'équerre et qui est prêt à être débité à la scie. Il doit avoir au moins 0m16 de côté.

Bois flache, présentant des creux que l'on ne saurait faire disparaître sans diminuer l'équarrissage de la pièce.

Bois gauche, dont la face sciée n'est pas restée droite.

Bois gélif, qui représente dans sa coupe transversale des fentes ou gerces, disposées en rayon autour du cœur, effet que l'on attribue à la gelée.

Bois gisant, resté par terre, à l'endroit même où il a été abattu.

Bois en grume, bois brut, qui n'a reçu aucune façon, et souvent encore recouvert de son écorce.

Bois lavé, dont on a dressé les faces avec la bisaigüe.

Bois sans malendres, sans nœuds ni gerçures; généralement sans défauts.

Bois mouliné, vermoulu.

Bois en pueil, qui n'a pas trois années révolues d'abattage.

Bois rabougri, tortu, noueux, mal venu.

Bois refait, bois bouge, flache ou gauche, qui a été équarri de nouveau.

Bois de refend, qui, au lieu d'être débité à la scie, est fendu au coutre dans la forêt même, pour en faire des lattes, des échalas, etc.

Bois roulé, dont la section transversale présente des gerces annulaires, occasionnées par la séparation des couches annuelles. Ces bois ne sont bons qu'à brûler.

Bois de touche ou *marmenteux,* provenant d'arbres d'agrément.

Bois tranché, qui n'a pas été scié parallèlement au fil de l'arbre. Le bois tranché peut s'employer pour la menuiserie, mais il ne vaut absolument rien pour la charpente, si ce n'est pour des pièces de très-peu de longueur.

D'après ce que nous avons dit plus haut sur la nature des différents bois, il est évident que leur résistance doit varier dans des limites très-étendues. On a fait beaucoup de recherches, beaucoup d'expériences pour arriver à établir, entre ces diverses résistances, des rapports d'une exactitude satisfaisante, mais la solidité de chaque espèce de bois, variant suivant sa qualité, son choix, l'état de sécheresse dans lequel il peut se trouver, on est obligé de se contenter de données approximatives.

Toutefois, l'expérience ayant démontré, d'une manière assez constante, que le poids qui opère la rupture d'une pièce de bois, est en raison directe de la largeur et du carré de l'épaisseur de cette pièce, et en raison inverse de sa longueur, on peut faire usage de la formule suivante :

$$P = \frac{4\,S\,a\,d^2}{l}.$$

P, représente le poids qui opère la rupture.

a, la largeur horizontale de la pièce qui doit être rectangulaire.

d, l'épaisseur de cette pièce.

l, sa longueur,

S, le facteur commun ou effort comparatif donné au tableau ci-dessous.

Mais ces données n'étant qu'approximatives et toujours calculées d'après des bois de premier choix, parfaitement droits de fil, enfin supérieurs à ceux que l'on emploie ordinairement, il serait très-imprudent de compter, pour l'usage, sur plus d'*un* sixième du poids trouvé.

Tableau des valeurs du facteur S :

NATURE DU BOIS.	VALEUR DE S.
Chêne ordinaire.	997,000
» de Dantzick.	1,020,000
Sapin du Nord	760,000
Hêtre	1,090,000
Orme	710,000
Mélèze	700,000
Peuplier	689,000
Saule	769,000

Lorsqu'on achète le bois en grume, le cube de l'arbre s'opère non pas d'après sa forme actuelle, mais d'après la pièce équarrie que l'on en peut tirer, évaluation qui varie suivant les localités.

L'usage le plus répandu est de prendre la circonférence de l'*arbre*, dont on déduit *un cinquième* pour écorce et faux bois; la soustraction opérée, on prend le quart du reste, on en fait le carré et l'on multiplie par la longueur du tronc.

Ainsi, par exemple, si nous avons à cuber un tronc

d'arbre ayant une circonférence moyenne de 1ᵐ50 et 7ᵐ00 de long, nous commençons par retrancher un cinquième de 1ᵐ50 ; il nous restera 1ᵐ20 dont nous prendrons le quart (0ᵐ30), que nous considérerons comme l'un des côtés, et dont nous formerons le carré, ce qui nous donnera 0ᵐ0900, que nous multiplierons par la longueur, et nous aurons le cube cherché, soit 0ᵐ630.

Aux environs de Paris, on ne déduit pour écorce et faux bois que le *sixième* de la circonférence.

Dans les contrées du Midi, on ne déduit quelquefois qu'*un douzième*.

Il est regrettable d'avoir à dire qu'en beaucoup d'endroits, les marchands de bois et les charpentiers ont encore l'habitude de calculer par *pièces* ou *solives*, mesure de convention équivalant à trois pieds cubes, ancien système.

Une solive vaut en mètres cubes 0ᵐ1028.

Un mètre cube vaut en solives 9ᵐ7246.

§ 11. — *Fer.*

On confond souvent sous la dénomination commune de *fers*, les *fontes* et les *fers* proprement dits, c'est-à-dire les fers forgés.

Les fontes, dont les qualités varient à l'infini, se partagent en deux classes : les *fontes douces* et les *fontes dures* ou *aigres*. Ces dernières, très-fragiles mais d'une grande dureté, ne peuvent avoir qu'un usage très-restreint.

Elles peuvent s'employer pour des seuils ou autels de four, des bornes, des plaques de foyer, mais on doit, pour tous les autres ouvrages, tels que grilles, rampes d'escaliers, balustres, balcons, bacs, margelles, couvercles de puisards, etc., etc., employer exclusivement la fonte douce.

Les fontes aigres présentent une cassure ordinairement lamelleuse, d'un blanc d'étain plus ou moins vif.

Certaines fontes blanches sont tellement dures, qu'elles ne se laissent pas entamer par l'acier trempé.

La cassure de la fonte douce, au contraire, est d'un gris de fer, quelquefois parsemé de points noirs. Elle se lime facilement et peut se tailler au burin. Cette fonte est assez ductile pour recevoir l'empreinte du marteau et ne point se rompre sous un choc assez violent. Voici l'épreuve à laquelle est soumise celle que l'on emploie dans les arsenaux. On coule avec la fonte que l'on veut essayer un barreau de 0^m06 en carré et de 2^m20 ou 2^m30 de long; on le pose sur deux supports éloignés l'un de l'autre de 2^m00, et l'on charge le milieu du barreau. La fonte est considérée comme apte aux usages de l'artillerie, si elle peut supporter, sans se rompre, un poids de 1,200 kilogrammes. On doit encore observer que la fonte exposée à la gelée est beaucoup plus cassante que celle qui est soumise à une température plus douce.

Le travail de la fonte, qui se borne souvent à un simple moulage, en rend l'emploi fort économique, aussi est-il très-répandu aujourd'hui. Les modèles qui servent à mouler la fonte sont ordinairement en bois. Le tableau suivant fait connaitre le poids de la pièce à couler. Pour l'obtenir, il n'y a qu'à multiplier le poids du modèle par les nombres inscrits au tableau.

Modèle en sapin, multiplier son poids par				14,0
»	chêne	»	»	9,0
»	hêtre	»	»	9,7
»	tilleul	»	»	13,4
»	noyer	»	»	12,0

Il n'est pas de localité un peu importante en Belgique, qui ne possède quelque établissement où l'on puisse faire couler les fontes dont on peut avoir besoin, et tout menuisier intelligent peut faire les modèles.

Les *fers forgés* sont aussi de différentes qualités. Le fer pur est d'un blanc argentin, mais le plus ordinairement il est d'un gris livide, très-ductile et susceptible

d'un beau poli. Sa tenacité est fort grande : un seul fil
de deux millimètres de diamètre peut supporter un poids
de 250 kilogrammes sans se rompre.

Les fers, comme les fontes, se partagent en fers *mous*
ou *doux* et en fers *durs*, et présentent les variétés suivantes :

FERS MOUS, se pliant bien à froid, à texture grenue, de-
venant fibreux après le martelage.

Fer *mou* et *tenace*, pouvant se plier et redresser à plusieurs reprises, à froid comme à chaud.

Fer *mou aigre*, cassant à froid, mais se pliant bien à
chaud ; en général, il s'améliore à la forge.

FERS DURS à cassure grenue ou lamellaire, et perdant
difficilement cette texture par le martelage ou à la forge.

Fer *dur* et *fort*, pouvant se plier à froid et à chaud,
peu extensible.

Fer *dur* et *aigre*, cassant à froid et à chaud, sans liant ;
très-mauvais.

Fer *rouverain*, cassant à chaud et s'égrenant sous le
marteau, défaut qu'il doit à la présence du soufre. Ce
fer est cependant l'un des plus solides.

Dans les forges, on essaie le fer par la percussion ou
par la flexion. Pour la première épreuve, les barres sont
jetées avec force sur une enclume ou un bloc de fer ou de
fonte ; d'autres fois on les pose en porte-à-faux, on les
frappe avec la panne d'un marteau, et on les redresse.
Le fer qui résiste à cette épreuve est réputé bon. Il peut
se faire cependant que la barre se casse en deux morceaux, sans que le fer soit précisément mauvais, mais si
elle se casse en plusieurs fragments, le fer est décidément
à rebuter. En Suède, on l'essaie en le courbant jusqu'à ce
que les extrémités de la barre forment un angle droit,
dans un sens, puis dans l'autre.

En général, la qualité du fer peut se reconnaître à la
cassure, qui doit être fibreuse, inégale, peu compacte et
de couleur claire ou grisâtre.

On doit rejeter celui dont la cassure blanche et comme

cristallisée présente des lamelles brillantes, qui sont d'autant plus grandes que le fer est plus mauvais. Souvent les fers qui présentent cette cassure, sont tellement défectueux, que si l'on en laisse tomber une barre sur le pavé, elle se rompt en plusieurs morceaux.

Le fer se trouve dans le commerce en :

Fers dits marchands plats de 40 à 160 mill. sur 10 et au-dessus,
»   »   méplats 25 à 40 »   » 15 et au-dessus,
»   »   carrés 25 à 118 » » 25 à 116,
»   de petite forge plats 35 à 40 »   » 8 à 9,
»   »   méplats 25 à 30 »   » 9 à 11,
»   »   carrés 19 à 20 »   » 19 à 20,
»   martinets ronds de 10 à 110 millimètres de diamètre,
»   carillon   de 10 à 20 millimètres au carré,
»   bandelettes de 15 à 14 mill. sur 5 à 7,
»   verges   de 5 à 25 »   » 6 à 4.

En fers laminés de toute largeur sur une épaisseur de 2 à 4 millimètres.

Enfin, en fers laminés de différents modèles, pour appuis de balcon, etc. (fig. 2); pour châssis vitrés (fig. 3); pour rails de chemin de fer (fig. 4); pour serres, bâches, etc. etc.

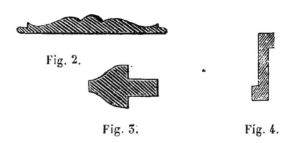

Fig. 2.

Fig. 3.

Fig. 4.

Dans les constructions des bâtiments, les ferrures se divisent en *gros* et *petits fers*. Les *gros fers* sont : les *ancres* et *plates-bandes* qui servent à l'ancrage des poutres, — les *bandes de trémie* qui supportent la maçonnerie des âtres de cheminée, — les *barres* qui soutiennent les manteaux et languettes de cheminée, — les *crampons* qui servent à lier les pierres de revêtement, marches d'escalier, etc., — les *liens* et *étriers* qui servent à consolider certaines parties de la charpente, — enfin les *boulons* et *crochets* pour différents usages.

Tous ces fers peuvent avantageusement se fabriquer dans les grosses forges et se payent au kilogramme.

Les *petits fers* comprennent toutes les pièces employées à la ferrure des portes, fenêtres, volets, etc.

On désigne encore souvent sous le nom de fers ouvragés, les balcons, grilles, rampes d'escaliers, et enfin tous les ouvrages pour la confection desquels le fer seul est employé. Il sera toujours facile d'estimer d'avance le poids d'un ouvrage de gros fer, en se rappelant que le mètre cube de fer forgé pèse 7,783 kilogrammes. Ainsi un morceau de fer de 0^m10 d'équarrissage sur 1^m00 de long, pèsera 77k.830.

Le mètre cube de fonte ne pèse que 7,202 kilogrammes.

§ 12. — *Plomb.*

Le plomb, à son plus grand état de pureté, est d'un gris terne légèrement bleuâtre, se raie facilement avec l'ongle et se taille au couteau; il est très-ductile, sans élasticité, nullement sonore, se fond à une température très-basse ($381°$) et s'oxyde avec facilité à toute température élevée.

Quand il vient d'être fondu ou coupé, il présente un éclat bleuâtre assez vif, mais il se ternit rapidement, et finit par se couvrir, au contact de l'air, d'une légère croûte blanchâtre qui est de la céruse. Lorsque l'air est sec, à la température ordinaire, le plomb ne s'oxyde que très-lentement, mais s'il est exposé à l'humidité, et surtout en présence de l'acide carbonique, cette oxydation est très-rapide.

Dans la construction, le plomb s'emploie à l'état de feuilles ou de tuyaux.

Pour le convertir en feuilles, on le coule d'abord en plaques sur de très-grandes tables de pierre, puis on le soumet au laminage pour obtenir les feuilles à l'épaisseur voulue. Quelques-unes de ces feuilles atteignent l'énorme proportion de 8 mètres sur 5. Le plomb peut s'obtenir en lames aussi minces que l'on veut, mais seulement par très-petites feuilles, à cause des gerçures qui se forment pendant le laminage ; les feuilles de grande dimension ne peuvent avoir moins de 2 millimètres d'épaisseur.

On doit éviter, quand on emploie le plomb pour couvrir une terrasse d'une assez grande étendue, de le souder à l'étain, car la dilatation de ces deux métaux n'étant pas la même, il arrive presque toujours que la feuille de plomb se gerce tout le long de la soudure. Il vaut beaucoup mieux, si l'on ne peut se procurer des ouvriers sachant souder le plomb par lui-même sans aucune soudure étrangère, au moyen du procédé de M. Desbassyns de Richemond, en agrafer les bords comme on le fait pour le zinc.

Le poids du mètre cube de plomb est de 11,346 kilogrammes ; ainsi donc un mètre carré de plomb de 0^m01 d'épaisseur pèsera 113 k. 460, et 11 k. 346 g. si l'épaisseur n'est que d'un millimètre.

Quoique l'on remplace aujourd'hui fréquemment le plomb par le zinc, il est des cas cependant où le premier est indispensable, comme, par exemple, pour garnir les faîtages des toits, car le zinc, trop peu ductile, ne pourrait s'appliquer convenablement ici.

§. 13. — Zinc et Fer-blanc.

Zinc. Métal d'un blanc bleuâtre, à cassure lamelleuse, assez ductile pour se laminer en feuilles de toute épaisseur, ce qui l'a fait, depuis quelque temps, substituer au plomb dans une foule d'ouvrages.

Le zinc est très-altérable à l'air dans les premiers moments de son emploi, mais il se couvre bientôt d'une couche d'oxyde blanchâtre, qui le garantit presque complétement de toute altération ultérieure. En somme, il supporte assez bien l'air et la pluie, mais il se détruit très-rapidement au contact des acides, même les plus faibles.

Le zinc, très-employé maintenant à cause de la modicité de son prix, est surtout utilisé pour la couverture des bâtiments. Ces couvertures sont propres, élégantes même, économiques, légères et solides, quand elles sont construites avec soin, mais elles présentent deux inconvénients qu'il importe de signaler. Le premier est que les eaux pluviales peuvent acquérir au contact du zinc des qualités nuisibles qui les rendent impropres aux usages domestiques; le second est que le zinc est très-inflammable à la température du rouge blanc, et brûle avec une extrême énergie en produisant une magnifique flamme bleue et en projetant souvent des parties enflammées à d'assez grandes distances ; cette propriété le rend extrêmement dangereux dans les incendies.

Plus consistant et moins oxydable que le fer-blanc, il est d'un excellent usage pour les gouttières et les tuyaux de descente, toutes les fois que les eaux ne sont pas destinées à la consommation. On en fait aussi des châssis de fenêtre, des panneaux vitrés, des ornements, des vases, des râteliers d'écurie, des mangeoires, des bacs, etc., etc. Nous n'oserions le conseiller pour les mangeoires, mais pour tous les autres objets il est d'un bon usage.

Le mètre cube de zinc pèse 7,138 kilogrammes, ce qui donne pour un mètre carré sur un centimètre d'épaisseur 71 k. 380 g. et sur un millimètre 7 k. 138 g.

Le zinc destiné aux usages ordinaires, se trouve dans le commerce par feuilles de 0^{m}487 à 0^{m}811 de largeur sur une longueur à peu près uniforme de 1^{m}949. Voici les numéros correspondant aux différentes épaisseurs des feuilles, avec le poids du mètre carré ; on remarquera que le zinc laminé est un peu plus lourd que celui en bloc.

N^os	Épaisseur en millimètres.	Poids du mètre carré.
14	0 — 85	6 — 07
15	0 — 94	6 — 74
16	1 — 03	7 — 40
17	1 — 13	8 — 06
18	1 — 32	9 — 40
19	1 — 50	10 — 80
20	1 — 69	12 — 12

Comme le zinc peut communiquer aux eaux des propriétés nuisibles, il conviendra, quand on voudra recueillir les eaux pluviales pour les besoins du ménage, de faire usage de gouttières en fer-blanc.

Le *fer-blanc*, comme chacun sait, est composé d'une feuille de tôle ou fer laminé, bien décapée, et recouverte d'une couche d'étain sur chacune de ses faces.

Le fer-blanc se divise en *fer-blanc brillant* et en *fer-blanc terne*, et se classe d'après les dimensions des feuilles et leur épaisseur qui est déterminée par le poids des caisses :

Marque.	Nombre de feuilles par caisse.	Dimensions des feuilles.			Poids brut des caisses.
C	150	0^m325 sur 0^m245			28 kil.
S	150	»	»	»	34 »
X	150	»	»	»	40 »
XX	150	»	»	»	46 »
XXX	150	»	»	»	53 »
IC	225	0^m350	»	0^m260	58 »
IX	225	»	»	»	68 »
IXX	225	»	»	»	78 »
IXXX	225	»	»	»	88 »
SDC	200	0^m388	»	0^m270	67 »
SDX	200	»	»	»	77 »
SDXX	200	»	»	»	87 »
X	150	0^m405	»	0^m310	78 »
XX	150	»	»	»	90 »
XXX	150	»	»	»	103 »
DC	100	0^m435	»	0^m325	48 »
DX	100	»	»	»	59 »
DXX	100	»	»	»	69 »
AX	100	0^m490	»	0^m350	73 »
AXX	100	»	»	»	85 »

De même que le zinc, le fer-blanc, exposé à l'air, se conservera toujours beaucoup mieux s'il est recouvert d'une bonne peinture à l'huile. Cette précaution est indispensable, surtout pour le fer-blanc.

Depuis quelque temps, on emploie aussi avec succès, pour les couvertures, tuyaux, etc., des feuilles de tôle recouvertes d'une couche de zinc. Cette tôle, ainsi préparée, a reçu le nom de *fer galvanisé*.

§ 14. — *Verre.*

Le verre à vitres est un produit que l'on obtient maintenant à très-bas prix, en fondant ensemble du sable siliceux parfaitement lavé, du sulfate de soude et de la chaux délitée à peu près dans les proportions suivantes :

Sable lavé, sec.	60	kilogrammes.
Sulfate de soude.	30	»
Chaux délitée.	10	»
	100	»

Ces 100 kilogrammes, ne coûtant que 40 à 60 centimes, doivent donner 80 kilogrammes de verre fondu, soit les quatre cinquièmes.

Suivant la qualité ou la proportion des matières employées, le verre sera plus ou moins blanc. Un bon verre à vitres, quelle que soit sa qualité, doit être exempt de défauts et d'une épaisseur de deux à trois millimètres pour les ouvrages ordinaires. Pour les couvertures de serres, de lanternes, d'escaliers, les châssis en tabatières, etc., on en fabrique de plus épais que l'on désigne sous le nom de *verre double*.

On fabrique aussi des pannes de verre, de même forme et de même grandeur que celles de terre cuite. On s'en sert avantageusement pour éclairer les greniers.

Les verres les plus généralement employés sont les blancs et les demi-blancs. On en trouve aussi dans le commerce de *mat uni*, et de *mat à dessins*, de *cannelé*, qui empêche de distinguer du dehors ce qui se passe dans les appartements, mais qui ne permet pas non plus de voir des appartements ce qui se passe à l'extérieur, condition si essentielle à la campagne. On en trouve enfin de presque toutes les couleurs, dont l'emploi judicieux peut donner une grande gaieté à certaines parties de l'habitation.

Voici les défauts dont tout bon verre doit être exempt :

Les *stries*, lignes qui déforment les objets vus au travers et qui ressemblent quelquefois à des fêlures ; elles résultent du mélange imparfait de verres de différentes natures.

Les *cordes*, filets faisant saillie sur le verre ; elles sont dues à un mauvais travail du verre.

Les *bulles*, provenant de gaz qui restent emprisonnés dans le verre.

Les *nœuds*, portions de verre moins fusibles que le reste et qui forment des bosses.

Les *pierres*, corps non fusibles, éclats de creuset, etc., qui restent empâtés dans le verre.

Chaque espèce de verre à vitres se divise ordinairement, selon les défauts qui s'y trouvent, en premier, deuxième et troisième choix. Le deuxième se vend 10 p. c. au-dessous du premier, et le troisième, 10 p. c. au-dessous du deuxième. Le verre double se vend, à qualité égale, le double du verre d'épaisseur ordinaire.

Le verre à vitres se vend ordinairement par caisses de 60 feuilles de cinq mesures différentes, soit 12 feuilles de chaque mesure. On obtient maintenant des feuilles de 1^m,20 sur 0^m,95 en verre double, et de 1^m,50 sur 1^m,10 en verre fort, mais non double.

CHAPITRE II

EMPLOI DES MATÉRIAUX.

§ 1er. — *Terrassement.*

Les travaux de terrassement de quelque importance, sont toujours dispendieux et dépassent souvent de beaucoup la première estimation. Cela tient à ce que, lors de la fouille, on rencontre fréquemment des veines de terre d'une extraction difficile, des pierres que l'on doit briser ou faire sauter au moyen de la mine, des sources qu'il faut épuiser. Ces accidents seuls peuvent déjà doubler la dépense. D'un autre côté, quand la terre manque de consistance, on est obligé d'augmenter les dimensions de la fouille ou d'étançonner, et il arrive aussi parfois que l'on doit donner aux fondations une profondeur plus grande que celle qui avait été prévue. Il est donc nécessaire de procéder au devis de ce travail avec beaucoup de circonspection, et en s'entourant de tous les renseignements sur la nature du terrain où l'on doit opérer. Quand les éléments que l'on peut se procurer à cet égard sont insuffisants, on doit se borner à un métré exact et fixer les prix au fur et à mesure que les travaux avancent, d'après un tarif arrêté de commun accord avec l'entrepreneur. On se contente alors de porter au devis une somme approximative à valoir pour fouilles et terrassements.

On ne doit, bien entendu, recourir à cet expédient que lorsqu'on a des doutes sur l'homogénéité du terrain, et que l'on prévoit des difficultés dans l'exécution des travaux. L'entrepreneur se montrera naturellement alors moins exigeant, assuré qu'il sera d'être rémunéré pour les obstacles imprévus.

Les fouilles sont ordinairement faciles quand on n'est pas contrarié par l'invasion des eaux, mais ce à quoi il faut toujours s'attendre, c'est d'être obligé d'étançonner. Cette opération est surtout fréquemment nécessaire, lorsque les fouilles de fondation atteignent une profondeur de 1m50. L'étançonnement s'effectue en appliquant contre les parois des planches que l'on assujettit au moyen de pièces de bois, disposées horizontalement d'une paroi à l'autre.

Quand les eaux font irruption dans la fouille, il faut chercher à s'en débarrasser au moyen de rigoles, auxquelles on ménage un écoulement vers un point situé à un niveau inférieur. Toutefois, il est assez rare qu'on puisse évacuer les eaux par ce procédé, et l'on doit alors avoir recours aux moyens d'épuisement.

Les moyens les plus usités sont : le *baquetage*, le *chapelet*, la *vis d'Archimède* et les *pompes*.

Dans le baquetage, des ouvriers puisent l'eau avec des pelles, des seaux ou des baquets, et la jettent hors de l'excavation où elle s'accumule. Ce procédé est extrêmement simple, et, quand l'eau ne doit pas être élevée à une trop grande hauteur, il est ordinairement le plus économique.

Suivant Perronet, un baquetier travaillant douze heures par jour peut, en moyenne, élever à deux mètres de hauteur, un poids de 22,500 kilogrammes d'eau, soit environ 22,000 litres.

Le chapelet peut être vertical ou incliné. Il se compose d'une chaîne sans fin, garnie de plateaux ordinairement en cuir épais, placés à égales distances, et parcourant l'intérieur d'un tube de même diamètre, dont le bout inférieur plonge dans l'eau que l'on veut extraire. Cette chaîne passe sur une espèce de treuil qui lui donne le mouvement, et forme, en traversant le tube, une série de pistons qui amènent l'eau sans interruption vers sa partie supérieure, d'où elle se déverse dans une rigole préparée pour la recevoir. Cette machine, d'un assez bon effet, mais sujette à s'engorger et s'usant rapidement, est assez peu usitée. D'après Gauthey, un homme peut ainsi élever en un jour 100 à 120 mètres cubes d'eau à 1 mètre de hauteur. Cette estimation nous semble exagérée.

Quant à la vis d'Archimède, elle est assez connue pour n'avoir pas besoin d'être décrite. Son travail est à peu près égal à celui du chapelet, mais comme elle est beaucoup moins sujette à se déranger, son emploi est préférable.

La pompe n'a pas non plus besoin d'être décrite. Après le baquetage, c'est le moyen le plus employé, surtout quand l'eau doit être extraite d'une certaine profondeur. Une bonne pompe aspirante ordinaire, telle que sont les pompes domestiques, peut aspirer l'eau à 10 mètres de profondeur; il faut avoir soin seulement de la préserver de l'engorgement, ce qui est assez facile, en plaçant l'extrémité du tuyau d'aspiration, déjà garni d'une fine toile métallique, dans le fond d'un panier à mailles serrées. Il est toujours facile de se procurer une vieille pompe pour cet usage. Au besoin, on peut, d'ailleurs, y suppléer par une pompe en bois, formée de quatre planches solidement jointes et bien goudronnées. Nous avons souvent tiré un très-bon parti de semblables pompes qui ne coûtaient pas 20 francs.

Dans les terrassements, on aura toujours l'attention de réserver les bonnes terres pour le jardin et autres endroits destinés à la culture. Les pierrailles et les mauvaises terres seront, au contraire, employées avec avantage pour exhausser le sol des bâtiments.

§ 2. — *Fondations.*

L'établissement de fondations solides et durables est souvent une opération fort délicate. La manière d'opérer varie nécessairement suivant la nature du terrain sur lequel on doit bâtir, et l'importance des constructions que l'on doit y élever.

Lorsque le terrain est assez ferme pour supporter le poids des constructions, il suffit d'en rendre la surface horizontale, soit en un seul plan, soit en plans horizontaux étagés, quand le terrain présente une forte pente. Mais, le plus habituellement, on est obligé de creuser à une assez grande profondeur pour trouver un terrain d'une consistance suffisante.

On peut considérer, comme terrain d'une consistance suffisante, le roc, l'argile, le gravier non mouvant, le gros sable mêlé de terre, le tuf, enfin presque toutes les terres compactes qui n'ont pas été remuées.

Le roc étant le seul terrain absolument incompressible, serait, à la rigueur, le seul susceptible de recevoir la fondation d'un bâtiment très-élevé ou destiné à supporter de grandes charges; cependant, malgré son éminente supériorité, il faut encore s'assurer, en le sondant sur différents points, qu'il n'existe pas de cavités souterraines naturelles ou provenant d'anciennes exploitations, comme, par exemple, celles qui existent sous le roc formant le sol du quartier Saint-Jacques de Paris, qui, lors de la construction du Val-de-Grâce, faillirent engloutir les fondations.

Quoique moins complétement incompressibles, les autres natures de terrains mentionnés ci-dessus peuvent encore recevoir l'assiette des fondations, mais pour cela, il faut d'abord en battre parfaitement la surface, à l'aide de l'un des instruments représentés par les figures 5 à 7, ne fût-ce que pour s'assurer de l'homogénéité du terrain dans toute son étendue, et donner à la partie inférieure des fondations une épaisseur plus forte que celle des murs qu'elles doivent supporter; c'est ce que l'on appelle donner de l'empâtement.

Ces empâtements s'établissent de plusieurs façons, soit au moyen des briques, soit au moyen des moellons qui doivent servir à la construction du reste de la maçonnerie ; ils sont alors formés par une succession de

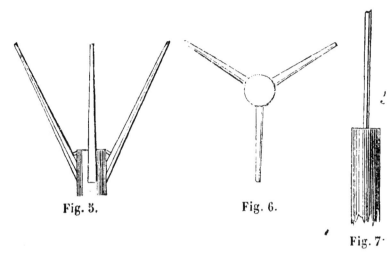

Fig. 5.   Fig. 6.

Fig. 7.

retraites de 0ᵐ,04 à 0ᵐ,05 par assise (fig. 8); soit
avec des blocs de pierre du plus fort échantillon, bruts
ou grossièrement équarris (fig. 9). Mais, depuis assez

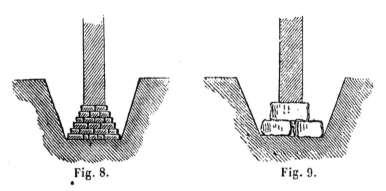

Fig. 8.   Fig. 9.

longtemps déjà, on supplée avantageusement à ces différents modes, par une épaisse couche de béton, dans laquelle on fait entrer toutes sortes de pierrailles, briques
cassées, etc., et sur laquelle on établit la maçonnerie avec
un léger empâtement, comme le représente la figure 10.

Il arrive assez fréquemment que, le long d'une tranchée de fondations, tous les points sont inégalement
compressibles. Il convient, en pareil cas, d'établir la
maçonnerie sur des plates-formes composées de pièces

de bois de 0ᵐ10 d'épaisseur, aussi larges et aussi
longues que possible. Le bois préférable pour cet usage
est le chêne, mais on peut, au besoin, le remplacer par
l'orme, le pin, le mélèze ou l'aulne, qui se conservent
parfaitement bien sous terre. La figure 11 donnera une
idée de cette disposition.

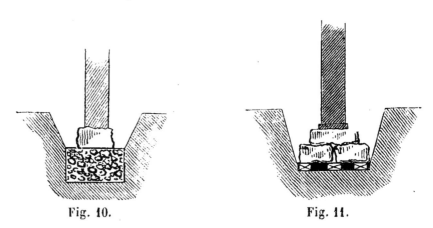

Fig. 10.   Fig. 11.

Les intervalles compris entre les pièces de bois peuvent se remplir avec de l'argile fortement tassée. On peut
également employer un mortier commun ou même un
béton exempt de trop grosses pierres.

Si le *bon banc* ne se rencontrait qu'à la profondeur de
6 à 8 mètres et plus, on devrait alors avoir recours à
l'un des deux moyens suivants : Le premier, que nous
avons employé habituellement et qui nous a toujours
parfaitement bien réussi, peut s'appliquer à tout terrain
présentant assez de consistance pour pouvoir être creusé,
mais pas suffisamment pour supporter l'assiette des fondations. On commence par ouvrir une tranchée de deux
mètres environ de profondeur; au fond de cette tranchée on creuse une série de puits de 0ᵐ75 à 0ᵐ90 de
diamètre, espacés les uns des autres de 2ᵐ00 environ,
en ayant soin de les placer au-dessous des trumeaux du
bâtiment qu'ils doivent supporter, et de donner à ceux
des angles un diamètre un peu plus fort. Ces puits, per-
cés jusqu'au *bon banc,* sont remplis de gros béton, bien

tassé jusqu'au niveau du fond de la tranchée (fig. 12).
D'un puits à l'autre, on construit ensuite de solides voûtes en plein cintre, ou mieux encore en ogive, afin de
diminuer la poussée ; c'est sur ces voûtes que l'on éta-
blira, avec un assez fort empâtement, les murs du bâtiment, qui pourront alors supporter les plus fortes charges.

Fig. 12.

Si le terrain était tellement marécageux qu'il fût impossible de creuser les puits et même la tranchée, on
serait forcé d'avoir recours au pilotis, ouvrage très-
solide mais très-dispendieux.

Les pilots sont des poutrelles ou branches de chêne
ou d'aulne, plus ou moins fortes, bien droites, écorcées,
et appointées à l'une de leurs extrémités. Ordinairement
le côté pointu du pilot est garni d'un sabot en fer qui
facilite sa pénétration dans le sol, et l'autre extrémité,
destinée à recevoir le choc du mouton, est consolidée
par une frette également en fer. La grosseur des pilots
peut être d'environ 0^m25 pour ceux de 3 à 4 mètres de
long, de 0^m30 pour ceux de 6 mètres, et de 0^m35 pour
ceux de 8 mètres. On n'en emploie guère de plus longs.

Quand les pilots n'ont que 2 ou 3 mètres de longueur,
il suffit, pour les enfoncer, d'une masse semblable à

celles représentées figures 5 à 7, ou bien d'un billot à poignées (fig. 13), manœuvré par deux ou quatre hommes. Mais lorsqu'ils atteignent des proportions plus considérables, il faut recourir à l'emploi du *mouton*, bloc de bois dur ou de fonte, soutenu par une charpente qui permet de l'élever à une certaine hauteur, pour le laisser retomber ensuite de tout son poids sur la tête du pilot. Cet appareil porte aussi le nom de sonnette.

Fig. 13.

Les *sonneurs* (nom donné aux ouvriers qui manœuvrent l'appareil) travaillent dix heures par jour, et battent, en une journée, cent vingt *volées* de trente coups chacune, en élevant le mouton à une hauteur moyenne de 1ᵐ20.

On ne doit considérer un pilot comme suffisamment enfoncé que quand la dernière volée ne l'a fait pénétrer que de moins d'un demi-centimètre. C'est ce que l'on appelle *enfoncer à refus*. Quant à l'espacement des pilots, il varie de 0ᵐ80 à 1ᵐ30 d'axe en axe. Comme ils doivent être recouverts d'une plate-forme ou grillage en charpente, sur lequel s'établit la maçonnerie, il est essentiel de les planter en lignes très-régulières, et aussi exactement que possible en quinconce. Dans tous les cas, les pilots seront toujours recoupés assez au-dessous du sol pour que ni eux ni le grillage qu'ils supportent ne soient jamais exposés au contact de l'air. On évitera aussi avec soin de laisser des vides entre les pilots et le grillage ; s'il en existait, il faudrait, avant d'établir la maçonnerie, les remplir avec de l'argile battue ou du béton.

On a préconisé, dans ces derniers temps, une nouvelle méthode de fondations, qui consiste à creuser une tranchée d'une médiocre profondeur, et à la remplir, jusqu'à la hauteur de 0m80, de sable sur lequel on bâtit après l'avoir tassé à petits coups. Ce procédé est très-loin de nous inspirer une entière confiance.

On recommande également la compression du sol comme moyen de le rendre assez consistant pour recevoir directement les fondations. Il est positif que, pour certaines natures de terrains, ce procédé est applicable. Par exemple, dans les terres argileuses mêlées de gravier, il n'est nullement difficile de rendre la compression aussi forte qu'on le désire; tout dépend de la masse du corps choquant et du nombre de coups donnés. Pourvu que la charge à supporter soit moindre que celle représentée par une percussion prolongée jusqu'à *refus*, on pourra considérer le sol battu comme étant d'une solidité suffisante. Nous avouons, toutefois, que nous n'avons jamais eu l'occasion d'observer l'application du procédé.

§ 3. — *Grosse maçonnerie.*

La maçonnerie peut se faire en pierres de taille, en moellons, en libage et en briques.

La plus belle et la plus solide est, sans contredit, celle en pierres de taille, mais son prix élevé n'en permet guère l'emploi dans les constructions rurales. Cependant, comme dans certaines localités ce prix est abordable, nous la conseillerons au moins pour les encadrements des portes et des fenêtres. Elle augmente encore considérablement la solidité des bâtiments, dont elle forme le soubassement jusqu'à 0m60 ou 0m80 au-dessus du sol extérieur, surtout si une partie des pierres font *parpaing*, c'est-à-dire comprennent toute l'épaisseur des murs, de manière à être en vue des deux côtés. Cette précaution, souvent négligée, donne une très-grande solidité. Ces parpaings A A (fig. 14 et 15) sont absolument indispensables dans le cas où, pour donner une grande épaisseur aux murs, on en fait seulement les faces en pierres de taille et l'intérieur en moellons.

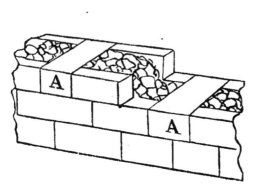

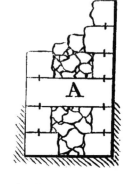

Fig. 14.   Fig. 15.

Souvent il arrive que des pierres posées depuis un certain temps se dérangent de leur position première, en glissant les unes sur les autres. Ce vice de construction se remarque fréquemment dans les marches d'escalier, les seuils de portes, les recouvrements de murs d'appui, etc.; on peut l'éviter très-facilement en reliant ces pierres entre elles par des crampons de fer ou de cuivre, scellés au plomb, ou, ce qui vaut mieux, au soufre ou au mastic de fontainier; la figure 15 en montre l'application.

La pierre de taille est aussi très-convenable et même nécessaire pour former les *encoignures* ou angles des murs en moellons. Les pierres doivent alors être appareillées comme l'indique la figure 16, afin de se lier parfaitement avec les moellons ou les briques qui forment le plein du mur. Comme les encoignures formant une ligne droite sont sujettes à se détacher du reste de la maçonnerie, elles ne doivent jamais être admises dans les constructions soignées.

Les moellons se divisent en *moellons piqués, moellons esmillés* et *moellons bruts.*

Le moellon piqué est celui dont les faces ont été dressées au poinçon ; le moellon esmillé a été seulement dégrossi au marteau ; le moellon brut est celui que l'on met en œuvre tel qu'il est venu de la carrière.

La maçonnerie est par *assises réglées*, quand chaque lit ou assise est composé de moellons taillés d'égale hauteur sur toute la longueur du mur.

Cette maçonnerie s'exécute en formant d'abord chaque parement au moyen d'une ligne de moellons bien dressés, posés à bain flottant de mortier, de manière à former alternativement carreau A A et boutisse B B (fig. 17),

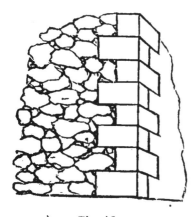
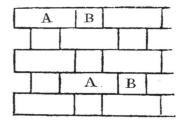

Fig. 16.   Fig. 17.

puis en remplissant l'intervalle par une maçonnerie de libage ou de moellons bruts choisis, bien *gisants*, c'est-à-dire remplissant aussi exactement que possible le vide laissé par ceux précédemment posés, en arrasant exactement l'assise avec des retailles de pierre et du mortier. On comprend facilement que cette maçonnerie a besoin d'être consolidée par de nombreux parpaings, comme ceux représentés dans les figures 14 et 15.

. Quelquefois ces maçonneries ne sont qu'à un seul parement, l'autre côté étant en maçonnerie irrégulière.

On nomme maçonnerie par *relevées* celle qui, au lieu de se régler à chaque assise, se règle par *relevées* ou arrasements de 0m30 de hauteur, formés de moellons de toutes formes et dimensions, ne s'astreignant à former un lit régulièrement dressé qu'à chaque relevée (fig. 18).

Fig. 18.

Enfin, la maçonnerie *irrégulière* se fait en moellons bruts, en s'astreignant uniquement à former un parement droit sans observer aucun arrasement. On établit les parements avec des moellons de toutes formes et de toutes grosseurs, et qui laissent entre eux des joints dirigés dans tous les sens, ce qui a fait donner aussi à cette maçonnerie le nom de *maçonnerie à joints incertains.* (Fig. 19.)

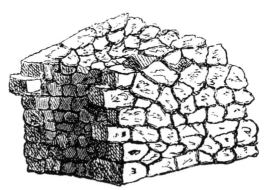

Fig. 19.

Ce dernier moellonnage, aussi bon que les autres, peut être très-solide, quand on prend quelques précautions pour relier les deux parements ensemble. On atteint facilement ce but en disposant de place en place des cordons de pierres entremêlées de parpaings. Lorsque ces cordons sont disposés avec goût, la maçonnerie irrégulière est d'un très-bon effet. (Fig. 20).

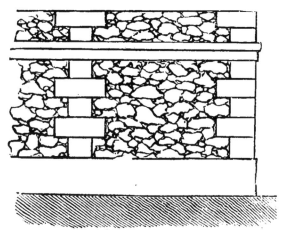

Fig. 20.

Au reste, dans les maçonneries de moellons en général, il est absolument nécessaire d'en placer dont la plus forte dimension soit dans le sens de l'épaisseur du mur. Si le mortier est bon, assez abondant, et si les pierres sont bien placées, les parements seront toujours assez solides; mais il faudra constamment se rappeler que c'est dans le sens de l'épaisseur, et en quelque sorte en se dédoublant, que ces murs se dégradent.

On nomme *libage* une espèce de maçonnerie composée de blocs de pierre plus ou moins volumineux, simplement dégrossis au marteau et choisis bien gisants et d'égale épaisseur.

La maçonnerie de libage doit être faite à bain flottant de mortier, que l'on fait refluer en frappant les pierres avec une masse de bois, jusqu'à ce qu'elles aient pris une position stable. On les dispose au parement, en carreau et en boutisse, en évitant que les joints d'une assise rencontrent jamais ceux de l'assise précédente. Le libage s'emploie principalement pour les fondations des grands ouvrages.

Il est encore une espèce de maçonnerie qui se fait avec le libage ou les moellons posés à sec ; ce sont les *perrés* ou *empierrements*, qui servent à revêtir les talus d'ouvrages en terre exposés à l'action de l'eau. Pour faire un bon empierrement, les moellons doivent être posés avec grand soin et parfaitement affermis avec des cales en pierre dure.

On fait parfois des murs d'enceinte avec des pierres sèches, mais ils manquent de solidité et exigent des réparations presque continuelles, à moins qu'on ne leur donne une épaisseur exagérée qui les rend presque aussi coûteux qu'une construction en bonne maçonnerie.

On en fait également avec des moellons de petite dimension, posés au mortier d'argile ; ils sont très-économiques et peuvent être d'un bon usage, s'ils sont construits avec soin, surtout quand l'argile a été battue avec une eau de chaux légère.

Les maçonneries en briques sont, en général, très-solides. Nous en avons vu et fait démolir des spécimens qui dataient de plus de quatre siècles, et qui possédaient encore toute leur solidité. Cette maçonnerie, solide et économique au plus haut point, présente encore l'avantage d'être toujours d'une exécution facile, à cause du faible volume et de la parfaite régularité des matériaux.

Dans toute construction soignée, les briques doivent toujours être posées à bain flottant de mortier, et les joints, aussi minces que possible, ne doivent jamais dépasser une épaisseur de 7 à 8 millimètres ; c'est pourquoi, malgré la condamnable routine de bien des localités, nous recommandons, d'après une longue expérience, d'exiger l'emploi d'un mortier loyal, composé de sable pur et fin, et de chaux dont les proportions varieront suivant leurs qualités (voy. le § *Mortiers*), et de ne jamais autoriser l'emploi de ces mortiers pleins d'immondices, que l'on tolère trop souvent, par faiblesse ou ignorance.

Les briques étant des matériaux très-absorbants, il est souvent nécessaire de les humecter, surtout par les temps secs, ou lorsqu'elles sont trop nouvellement cuites. Il faut cependant éviter de les mouiller trop, car elles auraient alors le défaut de rendre le mortier trop coulant. Les briques mouillées ont aussi l'inconvénient de blesser les mains des maçons, et c'est pourquoi il est ordinairement très-difficile d'obtenir de ceux-ci qu'ils les humectent convenablement.

Tous les tas ou assises de briques doivent être parfaitement de niveau, et les joints verticaux, coupés d'une assise à l'autre, pour se répéter toutes les deux ou quatre assises.

Si la maçonnerie est exposée aux mauvais vents, c'est-à-dire aux pluies battantes, il sera bon de la faire en totalité, ou, tout au moins, le parement extérieur, en mortier hydraulique, ciment, tuilée, cendrée de Tournay ou pouzzolane artificielle; ce qui vaut infiniment mieux que de la garnir de planches ou bardeaux, comme on le faisait naguère encore, disposition vicieuse qui avait pour inconvénient d'entretenir dans une humidité presque perpétuelle, à cause du manque d'air, le mur que l'on prétendait préserver de la pluie.

L'épaisseur des murs de briques se détermine par les dimensions de la brique même. Ainsi, avec des briques de 0m22 de longueur sur 0m11 de largeur, on peut, en tenant compte de l'épaisseur des joints que nous estimerons en compte rond à 0m01, épaisseur déjà un peu forte, faire des murs de 0m11 d'épaisseur, dits d'une *demi-brique*, de 0m22, dits *d'une brique*, de 0m34, dits d'une *brique et demie*, de 0m46, dits de *deux briques*, etc. (Fig. 21 à 24.)

Comme on le voit, ces maçonneries, sauf celle d'une *demi-brique*, qui est composée de toutes briques posées en carreaux, sont toutes à boutisses et carreaux.

La disposition indiquée dans les fig. 23 et 24 est nommée maçonnerie en *losange* : c'est la plus propre et la meilleure de toutes.

Dans la maçonnerie de briques, celles dont la longueur

est placée suivant l'épaisseur du mur sont nommées *bou-tisses*, comme pour les pierres et moellons, et celles posées en carreaux, prennent ordinairement le nom de *pendresses*.

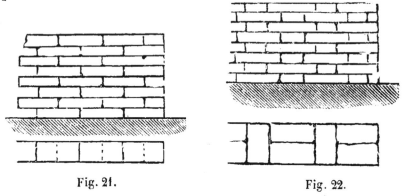

Fig. 21.   Fig. 22.

La maçonnerie de briques présente encore l'avantage de tasser très-régulièrement, ce qui évite ces lézardes ou solutions de continuité, qui se déclarent assez souvent dans les constructions récentes, quoique cependant elles aient été faites avec soin. Pour les éviter complétement, on doit monter en même temps tous les gros murs du bâtiment; de la sorte, le tassement s'effectue simultané-ment dans toutes les parties.

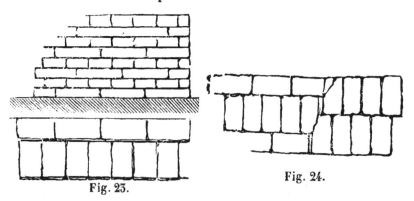

Fig. 23.   Fig. 24.

Toutes les maçonneries en moellons ou en briques, doivent être *cirées* ou *rejointoyées*. Le *cirage* ou *rap-puyage* consiste à comprimer fortement, avec un outil spécial nommé *truellette*, le mortier même qui a servi à la construction du mur. Cette opération doit se faire aussitôt que le mortier a pris assez de consistance pour se lisser convenablement sous la truellette. Le *rejointoiement* consiste à gratter le mortier de construction, à un ou deux centimètres de profondeur, dans tous les joints visibles, et à le remplacer par un autre mortier plus fin, que l'on tasse fortement et que l'on polit comme dans le cirage ordinaire. Cette dernière opération ne doit jamais se faire pendant les gelées. Un temps humide est celui qui convient le mieux. Si l'on devait le faire pendant les sécheresses, il faudrait avoir soin d'arroser la partie du mur que l'on doit rejointoyer ; si l'on négligeait ces précautions, on verrait immanquablement tous les joints se détacher au premier changement de saison.

Dans nos contrées, l'époque la plus favorable à l'exécution des maçonneries de toute espèce est celle comprise entre la mi-avril et la mi-octobre. Les maçonneries faites en dehors de cette période, sont exposées à être détériorées par la gelée. Toute maçonnerie qui ne pourra être terminée aux premières fortes gelées, devra, au moment où l'on est obligé de l'interrompre, être recouverte de 0m15 ou 0m20 de terre tassée avec soin, afin de préserver les dernières assises, ou, peut-être mieux encore, de gazons ou de quelques assises grossièrement posées au mortier de terre, et que l'on enlèvera à la reprise des travaux.

Dans tous les cas possibles, lorsqu'il s'agit des murs d'un bâtiment d'une certaine importance, comme habitation, granges, écuries, etc., on devra toujours *chaîner* ou lier les murs, non-seulement par des cordons en pierre, mais par des pièces de bois ou de fer (fig. 25 et 26), noyées dans l'épaisseur des murs, convenablement reliées entre elles et terminées à chaque angle par des ancres, soit posées à l'extérieur des murs, soit embrevées dans leur épaisseur. Ce chaînage doit être fait à chaque étage, immédiatement au-dessous de l'assise des poutres ou soliveaux. Cette méthode, généralement employée en France, permet de réaliser une grande économie sur l'épaisseur des murs, tout en assurant aux constructions une parfaite solidité. Il est à peu près inutile de dire que les pièces en fer sont de beaucoup préférables, car elles ne pourrissent pas, et, en cas d'incendie, comme elles sont préservées du contact immédiat du feu, elles ne s'échauffent jamais assez pour se ramollir au point de se rompre.

Fig. 25.   Fig. 26.

Quant à l'épaisseur à donner aux murs des différentes constructions dont nous avons à nous occuper, elles sont, pour. les maçonneries de briques, consacrées par l'usage, ainsi qu'il suit :

Pour un bâtiment à trois étages, soit un rez-de-chaussée, un premier étage et un second.

Murs de face et pignons :

Rez-de-chaussée, deux briques d'épaisseur.

Premier et deuxième étage, une brique et demie.

Encuvelure et pointes de pignons, une brique.

Pour les fondations et murs de cave, l'épaisseur varie, bien entendu, suivant la nature du terrain.

Si le bâtiment n'était composé que d'un rez-de-chaussée surmonté d'un seul étage, une maçonnerie d'une brique et demie suffirait. Mais dans le cas où le rez-de-chaussée serait surmonté de plus de deux étages, ce qui, du reste, arrive rarement à la campagne, il faudrait lui donner deux briques et demie d'épaisseur.

Les granges et magasins à grains, à cause de la grande fatigue qu'ils éprouvent, doivent aussi être en maçonnerie de deux ou de deux briques et demie, et parfaitement chaînés immédiatement au-dessous des fermes de la charpente.

Quant à la maçonnerie en moellons, qui, en général, doit avoir plus d'épaisseur que celle en briques, son épaisseur est assez difficile à déterminer, attendu que sa solidité varie suivant le volume et la forme des moellons, suivant leur nature, leur affinité pour le mortier employé, et, enfin, la qualité de ce dernier. Nous ne croyons pouvoir mieux faire à cet égard que de donner les formules de Rondelet, applicables aux bâtiments ordinaires, en conseillant d'en augmenter un peu les produits, quand il s'agira d'en faire usage pour les bâtiments ruraux.

L représente la largeur du bâtiment. — H la hauteur.

n le nombre des étages. — E sera l'épaisseur cherchée.

Pour les murs de face :

Bâtiments simples $E = 0^m025 + \dfrac{24 + H}{48}$

Bâtiments doubles $E = \dfrac{L + H}{48}$

Pour les murs de refend :

$$E = 0^m013 + \frac{L + H}{36} + n.$$

Ainsi donc, si nous cherchons par la formule $E = \frac{L + H}{48}$, les épaisseurs des murs de face d'un bâtiment double de 14^m00 de large sur une hauteur de 13^m90, divisé en un rez-de-chaussée et trois étages de 4^m50, 3^m60, 3^m00, et 2^m80, nous aurons pour le rez-de-chaussée $E = \frac{14^m00 + 13^m90}{48}$, ce qui nous donne pour l'épaisseur cherchée 0^m58.

Nous ferons ensuite la même opération pour l'épaisseur des murs du premier étage, mais, au lieu d'ajouter à la largeur la hauteur totale de 13^m90, nous en retrancherons la hauteur du rez-de-chaussée et nous n'ajouterons que le reste 9^m40.

Nous aurons donc $E = \dfrac{14^m00 + 9^m40}{48}$.

Pour le deuxième étage, nous retrancherons de la

hauteur totale 13ᵐ90, les hauteurs réunies du rez-de-chaussée et du premier; le reste sera 5ᵐ80, ce qui nous donnera $E = \dfrac{14^m00 + 5^m80}{48}$ Enfin, pour le troisième étage, ayant retranché de nos 13ᵐ90 le total de la hauteur des étages précédents, nous aurons $E = \dfrac{14^m00 + 2^m80}{48}$.

Nos calculs faits, comme nous l'avons indiqué pour le rez-de-chaussée, nous trouverons le résultat suivant :

       Rez-de-chaussée, épaisseur 0ᵐ58.
       Premier étage,   »   0ᵐ49.
       Deuxième étage,   »   0ᵐ41.
       Troisième étage,   »   0ᵐ35.

Dimensions très-convenables pour des maisons de ville, mais, que pour des constructions rurales, il sera bon d'augmenter d'un huitième ou d'un dixième.

Voici quelques exemples d'épaisseur de murs, empruntés aux ouvrages de plusieurs architectes recommandables.

NATURE DU BATIMENT.	ÉPAISSEURS DES MURS DE FACE EN MOELLONS.	
Pavillon de 12ᵐ00 au carré à un étage.	Rez-de-chaussée	0ᵐ38
	1ᵉʳ étage.	0ᵐ32
Pavillon de 9ᵐ00 sur 6ᵐ00 à 2 étages.	Rez-de-chaussée	0ᵐ54
	1ᵉʳ étage.	0ᵐ43
	2ᵉ étage	0ᵐ32
Maison de campagne de 12ᵐ00 sur 13,00 à 2 étages	Rez-de-chaussée	0ᵐ54
	1ᵉʳ étage.	0ᵐ47
	2ᵉ étage	0ᵐ41
Maison de ville de 8ᵐ00 sur 12,00 à 3 étages	Rez-de-chaussée	0ᵐ70
	1ᵉʳ étage.	0ᵐ60
	2ᵉ étage	0ᵐ50
	3ᵉ étage	0ᵐ42

Ces dimensions, comme celles obtenues par les formules de Rondelet, devront être augmentées, pour deux raisons : d'abord, un bâtiment isolé doit être plus solide qu'une maison de ville, et, en outre, les exemples que nous venons de mentionner, sont donnés par des architectes de Paris, et s'appliquent à des moellonnages exécutés au mortier de plâtre, qui a le défaut capital de n'être que de peu de durée, mais qui donne momentanément des ouvrages d'une grande solidité.

Les murs de clôture en briques d'une hauteur de 3^m00 à 3^m60 ont ordinairement une brique et demie d'épaisseur, mais il est indispensable, quand ils sont très-longs et en ligne droite, de les soutenir par des contre-forts espacés de six à huit mètres les uns des autres. Les murs en moellons exigent la même précaution. Quant à l'épaisseur à donner à ces derniers, on peut, comme règle générale, admettre le huitième de leur hauteur comme suffisant.

Les murs de clôture doivent toujours être couronnés, soit par une brique placée de champ, qu'il sera bon de poser au mortier hydraulique ou de tuilée, soit par un chaperon en pierre de 0^m10 à 0^m15 d'épaisseur. Ces couronnements doivent offrir une pente suffisante pour assurer l'écoulement des eaux.

Les murs de face ou de clôture sont souvent consolidés ou simplement ornés par des cordons saillants plus ou moins larges, verticaux ou horizontaux, que l'on désigne sous le terme général de *chaînes*. Quand celles-ci sont placées aux angles des bâtiments, elles prennent le nom d'*encoignures ;* si elles sont établies horizontalement, elles sont alors désignées sous les dénominations de *plinthes, cordons* et *corniches.* Quand les chaînes verticales ont une grande saillie, elles deviennent des *contre-forts.*

§ 4. — *Murs de terrasse.*

On nomme *murs de terrasse, de soutènement* ou *de revêtement,* ceux qui doivent soutenir une masse de terre élevée contre l'une de leurs faces. Il faut donc leur donner, outre l'épaisseur nécessaire pour leur propre stabilité, un surcroît de force suffisant, nonseulement pour résister à la poussée des terres qu'ils doivent retenir, mais encore pour surpasser l'effort de cette poussée, qui peut encore être augmenté par des circonstances fortuites.

Voici comment on peut se rendre compte de la poussée des terres. Il est reconnu par l'expérience que les remblais de terres ordinaires forment naturellement un angle de 45 degrés, A B C, fig. 27. La surface A B formera un plan incliné sur lequel glissera le prisme triangulaire B D A. C'est donc la pression de ce prisme de terre qui tend à s'ébouler par la loi de la pesanteur, que le mur de terrasse doit supporter.

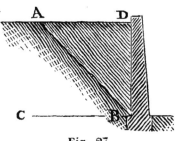

Fig. 27.

Le plan sur lequel ce prisme repose, a d'autant plus d'inclinaison, que la terre à soutenir a moins de cohésion. Ainsi donc, ce plan est moins incliné sur la verticale pour l'argile que pour les terres mêlées de gravier, et moins encore pour celles-ci que pour le sable. Toutes les causes qui diminuent la cohésion de la terre, augmentent la poussée ; les grandes pluies et les inondations la rendent extrême. On peut remédier partiellement à ces inconvénients, en massant régulièrement les terres du remblai par lits horizontaux.

Les murs de terrasse peuvent être verticaux ou inclinés en talus, et dans ce dernier cas, on incline la paroi extérieure, de manière à diminuer progressivement l'épaisseur du mur. Cette inclinaison peut être du sixième au dixième de la hauteur.

Si, pour des terres très-mouvantes, on voulait obtenir un surcroît de sécurité, on pourrait ajouter des contre-forts au mur de terrasse. Ces contre-forts devront avoir une épaisseur égale à celle du mur, et former une saillie du double de leur épaisseur.

On peut trouver, par une opération graphique très-simple, l'épaisseur que doivent avoir les murs de revêtement. Quand on connait le talus naturel des terres que l'on veut retenir, on trace la figure A B C D (fig. 28), de manière à ce que A B égale la hauteur à donner au mur, et que B D représente le talus naturel du terrain. On partage B D en

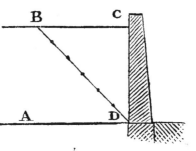

Fig. 28.

six parties égales, et l'une de ces parties portée sur le prolongement de la base A D, donne l'épaisseur du mur.

Il convient, dans tout mur de revêtement, de ménager, à des distances convenables, quelques ouvertures hautes de 0^m40 à 0^m60, et larges seulement de 0^m05, nommées *barbacanes*, destinées à donner issue aux eaux qui pourraient s'infiltrer dans les terres et devenir très-nuisibles. De même que les murs de clôture, ceux de terrasse doivent toujours être recouverts de chaperons en pierres de taille, ou en briques posées de champ.

Nous donnons ci-dessous un tableau très-complet des épaisseurs à donner à ces sortes de murs, dans presque tous les cas possibles, mais en faisant observer que ces formules nous semblent offrir des résultats un peu faibles pour les maçonneries de moellons.

Table des épaisseurs à donner aux murs de soutènement pour résister à la poussée.

NATURE de la MAÇONNERIE DU MUR DE SOUTÈNEMENT.	Terre ordinaire végétale, pesant 1,100 kil. le mètre cube.	Terre argileuse, pesant 1,240 kilog. le mètre cube.	Terre mêlée de gros gravier, pesant 1,600 kil. le mètre cube.	Terre mêlée de petit gravier, pesant 1,450 kil. le mètre cube.	Sable pesant 1,340 kil. le mètre cube.	Décombres, débris de roches, etc., pesant 1,730 kil. le mètre cube.	Terre savonneuse, pesant 1,580 kil. le mètre cube, ou terre imbibée d'eau.	OBSERVATIONS.
MURS AYANT LES DEUX FACES VERTICALES.								
En briques pesant 1,750 kilog. le mètre. . .	0,16	0,17	0,19	0,19	0,53	0,24	0,54	L'épaisseur, qui est uniforme, est exprimée en fractions de la hauteur prise pour unité.
En moellons pesant 2,200 kilog. le mètre. . .	0,15	0,16	0,17	0,17	0,50	0,22	0,49	
En pierre de taille pesant 2,700 kilog. le mètre.	0,13	0,14	0,16	0,15	0,26	0,17	0,44	
Cailloux roulés pesant 2,360 kilog. le mètre . .	0,14	0,15	0,17	0,16	0,50	0,21	0,47	
Brique et moellons pesant 1,950 kilog. le mètre.	0,16	0,17	0,16	0,18	0,52	0,25	0,51	
MURS AYANT UN TALUS EXTÉRIEUR DE 1/20 DE LEUR HAUTEUR.								
En briques.	0,12	0,13	0,15	0,15	0,29	0,19	0,50	L'épaisseur indiquée dans ce tableau est l'épaisseur de la crête du mur; elle est exprimée en fractions de la hauteur qui est prise pour unité.
En moellons.	0,10	0,11	0,14	0,13	0,26	0,17	0,44	
En pierres de taille.	0,08	0,09	0,11	0,11	0,23	0,14	0,39	
En cailloux roulés	0,09	0,10	0,12	0,12	0,25	0,15	0,42	
En briques et moellons	0,11	0,12	0,14	0,14	0,28	0,18	0,47	
En pierres sèches pesant 1,460 kilog. le mètre.	0,22	0,24	0,25	0,26	0,37	»	»	

§ 5. — *Théorie et construction des voûtes.*

Cette partie de la construction nécessitant, par son importance, des connaissances et des soins spéciaux, nous croyons utile de commencer cette étude par un exposé sommaire de la théorie des voûtes.

Une voûte peut être considérée comme un assemblage de corps solides taillés en forme de coins, dont le premier et le dernier sont soutenus par un support, tandis que tous ceux qui sont intermédiaires se soutiennent par leur pression mutuelle.

Les corps élémentaires, A, B, etc. (fig. 29), sont appelés *voussoirs.* Celui du centre, D, qui occupe la partie la plus élevée de la voûte, se nomme la *clef,* la surface intérieure a reçu le nom d'*intrados,* et la surface extérieure, celui d'*extrados.* Les points E et G, où l'intrados repose sur les supports, se nomment *naissances;* leur distance horizontale, *ouverture* ou *portée;* la distance de F à L, *hauteur;* enfin les points et appui E, G, *coussinets,* et les murs perpendiculaires qui les supportent, *pieds droits.*

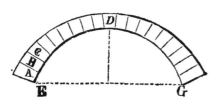

Fig. 29.

Posons maintenant quelques principes déduits de l'expérience :

1° La poussée de la voûte est d'autant moins forte que la voûte est divisée en un plus grand nombre de voussoirs.

2° La poussée est d'autant plus forte que la voûte est moins élevée, de sorte que la voûte en ogive occasionne une poussée moindre que la voûte en plein cintre et que

7

les voûtes surbaissées donnent une poussée plus grande que cette dernière, ce qui nécessite des pieds droits d'une épaisseur proportionnée.

3° Les voûtes dont l'épaisseur va en diminuant de la naissance à la clef (fig. 29), offrent moins de poussée que celles dont l'épaisseur est uniforme.

4° Celles qui sont *extradossées* en ligne droite, c'est-à-dire dont les reins sont entièrement remplis (fig. 30), ont, à courbure égale, moins de poussée que dans toute autre circonstance.

5° Si les pieds droits n'ont pas assez d'épaisseur pour résister à la poussée de la voûte, celle-ci cédera à la pression qui s'opère sur sa partie supérieure et s'ouvrira en dessous, vers la clef B, et au-dessus, vers le milieu des reins, en A et C (fig. 31).

Fig. 30.

Fig. 31.

6° Toute voûte en plein cintre, pour se soutenir, doit avoir au moins une épaisseur uniforme d'un dix-huitième de son diamètre (1).

Ces principes posés, cherchons quelle est l'épaisseur que les voûtes à épaisseur déterminée doivent avoir à la naissance ainsi que la forme de l'extrados. Après avoir tracé l'intrados de la voûte ABC (fig. 32), on marque sur le prolongement du rayon vertical EB, l'épaisseur à donner à la clef BD. On divise ensuite en six parties égales le rayon EB, que l'on prolonge d'une unité vers le

(1) Le tableau, placé à la fin de ce paragraphe, indique l'épaisseur que les voûtes doivent avoir à la clef.

bas, c'est-à-dire de E en F, après quoi, du point F comme centre, avec l'ouverture GD, on décrit le demi-cercle GDH qui fournit l'extrados demandé.

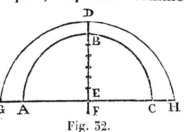

Fig. 52.

Cette méthode, fort simple, s'applique, non-seulement aux voûtes en plein cintre, mais encore à presque toutes les autres.

Quant à l'épaisseur à donner aux pieds droits d'une voûte, tant de formules ont été données et ces formules donnent des résultats tellement différents, que nous n'hésitons pas à nous en référer à l'expérience, et nous nous bornerons à donner ici des tables qui ont l'avantage de concorder parfaitement avec les travaux des meilleurs praticiens.

Ces tables s'appliquent aux voûtes d'égale épaisseur, dont les reins sont garnis jusqu'au niveau de la partie supérieure de l'extrados (fig. 30).

TABLE *donnant l'épaisseur des voûtes en plein cintre et celle des pieds droits.*

DIAMÈTRE des VOUTES.	ÉPAISSEUR de LA VOUTE.	ÉPAISSEUR DES PIEDS DROITS, LEUR HAUTEUR ÉTANT :					
		1m00	2m00	3m00	4m00	6m00	8m00
1	0.36	0.50	0.60	0.65	0.70	0.75	0.80
2	0.40	0.70	0.80	0.85	0.95	1.00	1.10
3	0.43	0.80	0.95	1.05	1.15	1.25	1.35
4	0.46	0.90	1.10	1.20	1.30	1.40	1.50
5	0.50	1.00	1.20	1.30	1.45	1.55	1.70
6	0.53	1.10	1.30	1.45	1.60	1.75	1.90
7	0.56	1.20	1.40	1.60	1,75	1.90	2.10

TABLE *donnant l'épaisseur à la clef des voûtes surbaissées au tiers et celle des pieds droits.*

LARGEUR des VOUTES.	ÉPAISSEUR à la clef.	ÉPAISSEUR DES PIEDS DROITS, LEUR HAUTEUR ÉTANT :						
		1m00	2m00	5m00	4m00	5m00	6m00	8m00
1	0.38	0.65	0.75	0.80	0.85	0.90	0.95	1.00
2	0.43	0.90	1.05	1.10	1.15	1.20	1.25	1.35
5	0.50	1.10	1.35	1.45	1.50	1.60	1.65	1.70
4	0.56	1.55	1.65	1.80	1.90	1.95	2.00	2.10
5	0.61	1.55	1.85	2.00	2.10	2.20	2.50	2.40
6	0.66	1.65	1.95	2.15	2.50	2.45	2.55	2.70
7	0.70	1.75	2.05	2.35	2.50	2.65	2.75	3.00

Pour la construction des voûtes, soit en briques, soit en moellons, on commence par former des cintres en charpente représentant exactement la courbe de la voûte. Ces cintres, espacés d'environ un mètre, reposent sur un échafaudage, et sont soutenus par des montants. On cloue sur leur partie cintrée des planches ou madriers qui forment une espèce de moule; c'est sur ce moule que l'on construit la voûte, en posant les moellons ou les briques, préalablement mouillés, en assises droites, parallèles aux pieds droits, et de façon à ce que les joints soient toujours perpendiculaires à la surface du cintre.

Quels que soient les matériaux employés dans la construction d'une voûte, ils sont toujours posés à plein mortier, parfaitement serrés les uns contre les autres, et chaque fois que la courbure occasionne des joints un peu forts à l'extérieur, il faut veiller à les garnir d'éclats de pierre ou d'ardoises, que l'on fait entrer avec force mais sans frapper.

Les briques se placent toujours de champ en largeur

ou en longueur, suivant l'épaisseur que l'on veut donner à la voûte. Lorsque cette épaisseur est de plus d'une brique et que le diamètre de la voûte est assez considérable, on doit mettre les briques en liaison comme dans un mur ordinaire de pareille épaisseur; mais si la courbe était forte, il vaudrait mieux, pour éviter des joints trop larges à l'extrados, composer la voûte de deux rouleaux superposés, comme le représente la fig. 33.

Fig. 33.

Il faut, lors de la fermeture de la voûte, avoir grand soin de faire serrer la clef avec force et à plein mortier, mais sans cependant la forcer à coups redoublés, car c'est là une pratique vicieuse, qui a pour résultat infaillible d'ébranler toute la maçonnerie, et de faire ouvrir les joints intérieurs vers le milieu de l'intervalle qui sépare la *clef* de la *naissance*.

Dans beaucoup de cas, lors de la construction des voûtes de caves, les ouvriers n'ont pas sous la main les bois nécessaires pour construire les cintres avec les précautions que nous venons d'indiquer. En pareille occurence, un maçon intelligent sait suppléer à ce défaut en fermant un faux cintre avec de la terre soutenue par tous les objets qui lui tombent sous la main, tels que vieux bois, tonneaux, caisses, fagots, etc., etc.

Quoiqu'à la rigueur on puisse décintrer les voûtes au bout de quelques jours, il est cependant avantageux de ne le faire qu'après deux ou trois mois, afin de laisser au mortier le temps d'acquérir de la consistance. Cette opération, bien entendu, doit être faite avec beaucoup de soins, afin de prévenir des secousses qui pourraient être funestes à la voûte.

§ 6. — *Enduits et rejointoyement.*

On nomme *enduit* une couche de mortier ou de mastic qui recouvre entièrement la surface d'une maçonnerie;

le *rejointoyement* ne s'applique, au contraire, que sur les joints, en laissant à découvert les pierres, les briques ou les moellons.

On fait peu d'enduits à l'extérieur parce qu'en général, à moins d'être préparés avec des matériaux de premier choix et avec le plus grand soin, ils résistent mal aux intempéries de l'air. A l'intérieur, ils sont, au contraire, d'un très-bon usage. La mauvaise qualité des enduits provient ordinairement de trois causes qu'il est facile d'éviter : 1° un mortier mal préparé, mal battu ou trop liquide ; 2° leur application sur des murs encore trop humides, surtout à l'entrée de l'hiver, attendu qu'alors l'eau contenue dans la maçonnerie, venant à augmenter de volume par la congélation, repousse l'enduit qui tombe au premier dégel ; 3° l'application des enduits par de trop grandes chaleurs ou sur des murs trop secs, parce qu'alors il ne se fait pas de liaison entre le mortier et la maçonnerie. On évite cet inconvénient en prenant soin d'arroser les parties que l'on veut enduire, au fur et à mesure qu'on y applique le mortier.

Les enduits, en général, doivent être aussi minces que possible ; on les fait ordinairement en deux *feuilles* ou *couches*, dont la première est en mortier ordinaire, et la seconde en mortier dans lequel la proportion de chaux est au moins doublée. Cette dernière couche, surtout, doit être très-mince, sinon elle serait sujette à se fendre.

Dans la province du Luxembourg, on emploie fréquemment le procédé suivant pour les enduits extérieurs. On fait un mortier de chaux ordinaire du pays et de gravier de rivière bien lavé, que l'on projette avec force au moyen de la truelle contre le mur, de manière à l'étaler aussi uniformément que possible. Ce genre de crépi résiste fort longtemps, même sur les murs grossiers des chaumières ardennaises. Comme on le voit, ce travail est à peu près le même que celui qu'on exécute avec le plâtre sous le nom de *gobetis*.

A l'intérieur, les enduits se font également avec du

mortier de chaux un peu maigre, c'est-à-dire contenant un peu moins de la proportion ordinaire de chaux, afin d'en diminuer le retrait, dans lequel on incorpore, pour le rendre plus tenace, un kilogramme de bourre grise de veau, par mètre cube de mortier. Cet enduit s'étend d'abord avec la *taloche*, et, dès qu'il est à peu près sec, alors qu'il ne cède plus qu'avec peine à la pression du doigt, on le lisse en le comprimant fortement avec la truelle, puis on recouvre d'une très-mince couche de chaux presque pure ou de blanc en bourre. On peut même se contenter d'y passer à la brosse une abondante couche de lait de chaux fort épais.

Le blanc en bourre est formé d'une pâte de chaux grasse, dans laquelle on incorpore de la bourre blanche à peu près dans la même proportion que pour le mortier précédent. La couche de blanc en bourre ne doit pas avoir plus d'un ou deux millimètres d'épaisseur, et s'applique et se lisse exactement comme la couche sous-jacente.

On doit commencer par bien battre la bourre avec des baguettes afin d'en diviser les flocons, après quoi on la projette dans la chaux réduite en bouillie claire, et l'on agite le tout avec un bâton jusqu'à ce que l'incorporation soit complète. Il est très-important que la chaux employée pour les crépis et les enduits, soit éteinte avec le plus grand soin, attendu que le moindre grumeau, non éteint, produit une boursoufflure; la chaux grasse, coulée au bassin depuis cinq ou six mois, est la meilleure pour cet usage.

Quant aux enduits dont on recouvre les parois des citernes, des bassins, des réservoirs, etc., nous y re- viendrons (voyez *Citernes*), et nous nous bornerons à dire ici qu'à cet effet on doit employer exclusivement les mortiers hydrauliques de tuilée, de ciment ro- main, de trass ou·de cendrée. Les Anglais donnent la préférence au ciment romain; quant à nous, nous avons toujours fait usage du mortier de tuilée, et toujours nous en avons obtenu les meilleurs résultats.

Lorsque la matière choisie n'est pas sujette à se prendre presque instantanément, le mortier doit toujours être préparé aussi longtemps d'avance que possible, et rebattu chaque jour sans addition d'eau, jusqu'au moment de l'employer. Cette précaution le rend plus liant et moins sujet au retrait. L'enduit sera d'abord posé rapidement, et ensuite parfaitement *rappuyé* ou lissé, à plusieurs reprises, et à quelques jours d'intervalle, avec une truelle étroite qui permet de le comprimer plus fortement. Le mortier de tuilée préparé et posé de la sorte acquiert, en quelques mois, la dureté du marbre.

On fabrique ordinairement la tuilée soi-même en écrasant des débris de tuiles, de pannes, de carreaux, de poteries, etc., sur une aire pavée en grès, au moyen d'une masse de bois dur garnie de clous à grosses têtes anguleuses, semblables aux plus gros clous des chaussures de campagne. Quand la tuilée est suffisamment écrasée, il ne reste plus qu'à la passer à travers une grille très-fine, qui ne livre passage qu'aux grains dont le diamètre n'excède pas 2 1/2 millimètres.

On appelle *enduit hydrofuge* un enduit dans lequel on remplace le mortier par l'un des mastics dont nous avons donné la composition. Ces enduits ne s'emploient guère qu'à l'intérieur des appartements exposés à l'humidité. Quelques-uns, quoique résineux, s'appliquent à la truelle comme les mortiers; d'autres, plus fluides, se mettent à la brosse comme de véritables peintures. Quelle que soit la méthode que l'on adopte, on devra, s'ils sont résineux ou gras, les employer aussi chauds que possible, et seulement au moment où les murs sont secs, au moins à la surface, ce que, au besoin, on peut obtenir en promenant, le long des parois, un réchaud de doreur, ou simplement une pelle chargée de charbons allumés.

Parmi les enduits liquides, nous citerons en première ligne celui composé en 1813 par MM. Thénard et Darcet pour servir de fond aux peintures murales de la coupole du Panthéon de Paris. Il se compose tout simplement de cire ordinaire, dissoute à chaud dans de l'huile de lin lithargirée. On peut également en composer un très-bon et beaucoup plus économique, en faisant fondre dans une partie d'huile de lin lithargirée, deux parties de résine. C'est le procédé qui a été employé pour l'assainissement de la salle de la Faculté des sciences à la Sorbonne, dont le sol est d'un mètre en contre-bas du terrain extérieur, et dont l'humidité avait, jusqu'alors, résisté à tous les moyens essayés. L'application en fut faite de la manière suivante :

On sécha d'abord, autant que possible, une partie des murs au moyen d'un réchaud de 0^m50 de large ; aussitôt après, on y passa une couche d'enduit très-chaud, puis on chauffa de nouveau au moyen du réchaud, jusqu'à ce que la couche fût absorbée par le mur. Six couches successives furent appliquées de la même manière ; la dernière refusa de s'emboire et forma une espèce de vernis très-dur sur lequel on put peindre et tapisser. Les frais de mastic n'excédèrent pas deux francs quatre-vingts centimes par mètre carré.

Les précautions indiquées pour les enduits extérieurs s'appliquent, en partie, aux rejointoyements. Jamais ceux-ci ne doivent se faire aux approches des gelées, ni par de grandes chaleurs sur des murs trop secs. On devra toujours veiller à ce que, avant leur exécution, le vieux mortier soit *dégratté*, c'est-à-dire enlevé à deux ou trois centimètres de profondeur. On arrosera ensuite, si cela est nécessaire, et l'on fera le rejointoyement avec du vieux mortier bien rebattu, ou, si l'on craint l'humidité, avec du mortier hydraulique.

Peut-être sera-t-il à propos de dire ici quelques mots du goudron qui, par son mode d'application, est plutôt un enduit qu'une peinture. Il y en a de deux sortes : le *goudron minéral*, qui est un produit des mines d'asphalte, et le *goudron végétal*, que l'on obtient par une sorte de distillation des bois résineux. Quelques personnes donnent la préférence au goudron minéral, mais nous ne sommes pas de leur avis. Quant au *goudron de gaz*, indigne de son nom, il ne vaut absolument rien dans aucun cas, car il n'a d'autre propriété que celle de détruire les qualités hydrofuges des substances résineuses avec lesquelles on le mélange pour lui donner un peu de corps.

Le goudron est excellent pour la conservation des ouvrages en bois exposés aux intempéries de l'air, tels que ponts, barrières, palissades, etc. On l'applique bouillant au moyen d'une brosse, en prenant la précaution de le faire bien pénétrer dans toutes les fentes du bois. On en donne ordinairement trois couches, ayant soin de ne les renouveler qu'après une parfaite dessiccation.

Quelques personnes l'emploient sur la maçonnerie, et cela peut être bon derrière les boiseries, par exemple ; mais, à l'extérieur, cette peinture, fort laide, ne vaut pas, à beaucoup près, un enduit de mortier hydraulique, même fait à la hâte et aussi léger que possible.

§ 7. — *Plafonds.*

Soit que l'on fasse usage du plâtre ou du blanc en bourre, les plafonds s'établissent sur un lattis cloué sous les solives et laissant vides les intervalles compris entre ces dernières. Si l'on veut faire un ouvrage durable, il convient de n'employer que des lattes de chêne ; cependant celles en sapin et en bois blanc se conservent assez bien. Quand le plancher est à poutres, celles-ci doivent également être garnies de lattes afin de bien tenir l'enduit. On se borne quelquefois à en hacher la surface, mais ce moyen est insuffisant.

Quand on veut cacher les poutres, on est obligé de placer en-dessous d'elles de fausses solives qui les affleurent, ou bien de clouer contre les faces latérales des solives, des planches d'une largeur suffisante pour recevoir le lattis passant sous les poutres.

Le lattis ne doit jamais être trop serré, car il faut

que le mortier puisse s'introduire entre les joints et y faire crochet.

Dans les étables, les écuries, etc., on se borne souvent à plafonner l'intervalle des solives ; cela vaut mieux que rien, sans doute, mais on doit toujours préférer un plafond plein, qui garantit beaucoup mieux des chances d'incendie.

§ 8. — *Pavés et Carrelages.*

Le pavage destiné à recouvrir le sol des routes, des cours, des écuries, etc., se compose ordinairement de blocs de grès posés sur un lit de sable ou de mortier.

Les grès destinés aux pavages sont débités à l'aide d'un lourd marteau d'acier, en pyramides quadrangulaires tronquées, dont la base forme la surface vue. On en débite de quatre catégories ou échantillons.

Le premier échantillon, qui est employé dans la grande voierie, doit avoir de 0^m18 à 0^m20 de côté, sur 0^m20 à 0^m22 de *queue* ou de hauteur ;

Le deuxième comprend des blocs de 0^m15 à 0^m18 sur 0^m18 à 0^m20 ;

Le troisième, des pavés de 0^m12 à 0^m15 sur 0^m12 à 0^m15, et enfin le quatrième, des pavés de 0^m10 à 0^m12 sur 0^m12 à 0^m15. Les pavés des deux dernières espèces sont employés pour les cours de peu d'étendue, les écuries, les magasins, etc. Ceux de la première catégorie se nomment *gros pavés* ou simplement *pavés d'échantillon*.

Pour effectuer le pavage, on commence par disposer le terrain exactement de la forme que doit avoir le pavé, mais en le creusant, bien entendu, de toute l'épaisseur du pavé, plus celle de la couche de sable de 0^m15 à 0^m20, qui doit lui servir de lit. Le terrain, ainsi préparé, s'appelle la *forme*.

Le sable employé pour le pavage doit être de moyenne grosseur et non terreux ; cette condition est de rigueur.

Le lit de sable étant disposé sur une épaisseur de 0ᵐ15
à 0ᵐ20, on place les grès par rangs, en ayant soin de
ramener toujours le sable dans les joints, et en les assu-
jettissant par deux ou trois coups d'un fort marteau
manœuvré à deux mains, dont le côté opposé à la frappe
forme une espèce de pioche, avec laquelle le paveur
creuse dans le sable une alvéole pour chaque pavé, tout
en faisant remonter en même temps le sable jusqu'au
sommet des pavés précédemment placés. On doit frapper le pavé obliquement, de façon à le rapprocher des
autres tout en le faisant entrer dans l'alvéole qui lui a été
préparée. On doit ménager des joints d'un centimètre,
car, si les grès se touchent, le pavé s'ébranle en peu de
temps. Quand une certaine étendue de pavage est achevée,
on la recouvre d'une légère couche de sable pour bien
remplir les joints dans lesquels le sable n'aurait pas re-
flué jusqu'en haut, puis on achève de battre et de dresser
le pavé avec la *hie* ou *demoiselle*, espèce de pilon à deux
anses, dont le poids ne doit pas être moindre de 30 kilogrammes, et qui doit être, à chaque coup, élevée de 0ᵐ40.
C'est ainsi du moins que se font les bons pavages. Mais,
malheureusement, il est encore des localités où l'on pose
les grès, même ceux des plus forts échantillons, comme
on posait autrefois les galets et pierrailles, recueillis
dans les lits des rivières. Après avoir garni la forme
d'un lit de mauvais gravois, mêlés de boue, on se
contente alors de placer les grès les uns à côté des
autres, sans leur préparer de place, sans en garnir les
joints, et l'on croit les assujettir suffisamment avec
quelques coups d'une espèce de truelle ou de petit
marteau, manœuvré d'une seule main et pesant à peine
3 kilogrammes. Les grès ainsi posés sont ensuite recouverts d'une épaisse couche de boue, sur laquelle on
compte pour remplir les joints, qui souvent restent
entièrement béants. Aussi, arrive-t-il fréquemment que,
lorsque la fange qui recouvre l'ouvrage commence à disparaître, on est tout étonné de voir que déjà des répara-

tions sont nécessaires. Quant aux pavés de moindre échantillon, si l'on veut les poser au sable, un lit de 0m08 à 0m11 leur suffit; mais souvent ces petits échantillons se posent au mortier. Nous n'avons rien à dire de particulier sur ce travail qui est une véritable maçonnerie, si ce n'est que l'on doit soigneusement veiller à ce que les cinq faces non visibles de chaque pavé soient parfaitement bien garnies d'une couche de mortier, suffisamment épaisse pour l'enfermer dans une espèce de gangue et ne laisser aucun vide. Quelquefois ce pavage s'exécute sur une aire de béton; cet ouvrage est excellent.

Il faudra toujours attendre que les pavés au mortier soient parfaitement durcis avant de les livrer à la circulation, et même éviter une trop grande fatigue pendant un temps assez considérable.

Depuis quelque temps, on a essayé de différentes substances pour la confection des pavés, et plusieurs ont donné des résultats assez satisfaisants.

On a d'abord employé le bois avec assez d'avantage; ce pavé se compose de billes prismatiques de diverses sections, serrées de bout les unes contre les autres, et réunies par de fausses languettes, qui s'enchâssent dans des rainures pratiquées sur le côté des billes. On l'établit sur une aire de sable bien battu. Ce mode de pavage est très-durable, doux à la marche, et très-roulant pour les voitures dont le bruit est singulièrement amorti.

De nombreux essais faits avec l'asphalte et les produits bitumineux n'ont absolument rien produit de bon, lorsqu'il s'est agi de résister au passage des chevaux et des voitures; aussi doit-on se borner à en faire des trottoirs, des aires de granges, et autres ouvrages d'intérieur, pour lesquels ces matériaux conviennent parfaitement.

Enfin, à Londres, on a essayé la fonte de fer dans un quartier voisin de Blakfriad. Un bulletin de la Société d'encouragement (mars 1817) mentionne ce procédé qui consistait en « des pièces carrées de fonte, réunies entre elles à queue d'aronde, et rendues assez raboteuses pour empêcher les chevaux de glisser. » Il paraît que pendant plusieurs semaines ce pavé supporta le passage des plus lourdes voitures, sans éprouver de dérangement sensible, et que déjà même on avait calculé qu'un tel pavé résisterait vingt ans sans exiger de grosses réparations, qu'il en résulterait une économie considérable, un accroissement de débouchés pour les fonderies anglaises, etc, etc. Mais ces espérances ne se réalisèrent aucunement, et les inventeurs en furent pour leur frais de réclame.

Quels que soient les matériaux employés pour le pavage, voici les conditions qu'ils doivent remplir :

1° Se prêter à l'établissement des pentes et ruisseaux ;

2° Avoir assez de consistance pour résister aux frottements et aux chocs produits par la circulation des hommes, des chevaux et des voitures ;

3° Former une surface qui ne soit en aucun cas ni glissante ni trop raboteuse.

Le *carrelage* diffère du pavage en ce que, destiné exclusivement aux intérieurs, il doit, au contraire, sans exiger la même solidité, présenter une surface parfaitement égale et plane dans toute son étendue. On distingue le *carrelage* proprement dit, le *dallage* et les *aires* ou *enduits*. Nous rangeons les pavés en briques parmi les carrelages.

Les briques destinées au pavage doivent toujours être choisies bien cuites et parfaitement moulées ; la dureté est une qualité indispensable, car les briques molles seraient dégradées en quelques mois par le frottement et l'humidité. Le pavage en briques est souvent formé de deux assises, dont la première est posée de *plat,* et la seconde, de champ.

La disposition la plus ordinaire est celle à joints

coupés (fig. 34), mais il est des ouvriers intelligents

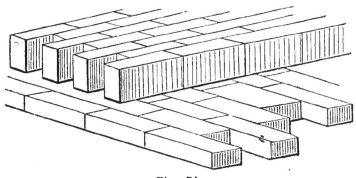

Fig. 34.

qui savent les varier à l'infini (fig. 35). Le carrelage en briques est assez économique. Il convient fort bien pour les écuries, les étables, les fournils, les caves. A moins d'être très-vieux ou mal fait, il peut se tenir propre.

Les *carrelages proprement dits* se font avec des carreaux en pierre calcaire ou en terre cuite. Ceux-ci doivent être choisis parfaitement plats, afin d'obtenir des joints ré-

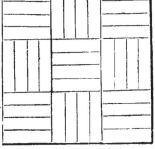

Fig. 35.

guliers et fins. Ces carreaux sont le plus habituellement de forme carrée, quelquefois ils sont triangulaires ou à huit pans; dans ces derniers cas, ils doivent être de deux couleurs ; alors ils se prêtent à une multitude de combinaisons dont quelques-unes sont d'un charmant effet.

Les carreaux se posent toujours sur un lit de mortier fin de 2 1/2 à 3 centimètres d'épaisseur, sur lequel on les place en les faisant glisser, afin d'éliminer l'air qui peut se trouver dessous, et de remplir parfaitement les joints qui doivent cependant être très-fins. Ainsi que nous l'avons déjà recommandé, il est convenable de mouiller les carreaux avant de les poser. Cette précaution est même indispensable, si l'on travaille pendant les grandes sécheresses.

Le carrelage se fait ordinairement sur une aire de terre ou de gravois, bien dressée et bien battue. Avec des soins convenables, cette préparation peut être suffisante, mais il sera toujours préférable de l'établir sur une aire en béton ou sur une assise de briques posées à plat.

Lorsque les carreaux sont de forme carrée, on les pose tantôt en lignes droites, dites à joints coupés (fig. 36), parallèles aux murs, et tantôt en losanges dont les joints sont disposés en diagonales (fig. 37). Pour l'une comme pour l'autre de ces dispositions, on trouve chez les fabricants des demis et des quarts de carreaux, qui servent pour les raccordements le long des murs. La dernière est la plus usitée. Les carreaux qui affectent la forme pentagonale se posent d'une manière différente (fig. 38). Cette disposition est d'un assez joli effet, mais elle exige une très-grande régularité pour que les joints soient également fins et le carrelage bien droit.

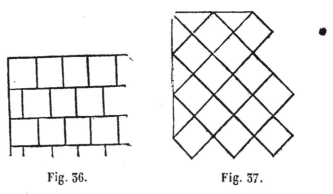

Fig. 36.   Fig. 37.

Les carreaux octogones sont aussi d'un très-bel effet, mais ils ne peuvent pas s'employer seuls, ils ne sauraient se placer qu'avec d'autres petits carreaux de forme carrée, ayant leurs côtés égaux à ceux de l'octogone (fig. 39). Ces petits carreaux se font ordinairement d'une autre couleur que les autres. Cette forme est aussi adoptée pour les carrelages de marbre ou de pierre dure polie.

Viennent enfin les carreaux triangulaires, qui, com-
binés entre eux avec deux couleurs seulement, peuvent

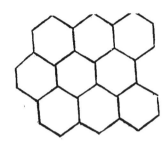

Fig. 38.

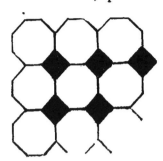

Fig. 39.

produire une quantité vraiment extraordinaire de dessins
différents, dont les figures 40 et 41 donnent une faible
idée. Il sera toujours bon de ne marcher sur les carre-

Fig. 40.

Fig. 41.

lages que trois ou quatre semaines après leur achèvement. Il est, d'ailleurs, excessivement malsain d'habiter
une chambre avant que le carrelage soit parfaitement
sec.

§ 9. — *Pisé.*

ꞌ On nomme *pisé* une maçonnerie uniquement composée de terre plus ou moins argileuse, comprimée dans
des formes ou moules, et à laquelle on ne fait subir
aucune espèce de cuisson.

Les constructions en pisé se font de deux manières

différentes. Dans l'un des procédés, on façonne, dans des moules en bois, d'une solidité suffisante, avec de la terre presque sèche et battue jusqu'à refus, des briques ou pierres d'assez forte dimension, qu'on laisse simplement durcir. Elles sont employées comme des matériaux ordinaires, et posées au mortier d'argile. Mais le *véritable pisé*, le *pisé proprement dit*, exige un travail tout à fait spécial. On choisit, pour le préparer, une terre suffisamment argileuse pour pouvoir se durcir par la compression. Toute terre qui, piochée, bêchée ou labourée, se détache par mottes dont la rupture exige quelque effort, peut être employée à cet usage. On doit lui donner une préparation qui consiste à en extraire, en la passant à travers une grosse claie, toutes les pierres qui excèdent la grosseur d'une noix; il faut qu'elle n'ait que le degré d'humidité suffisant pour qu'en en pressant une poignée elle puisse prendre l'empreinte de la main. Si elle était trop sèche, on l'humecterait en l'arrosant légèrement et en la retournant à la pelle. Un point essentiel est qu'elle ne contienne aucune trace de matières organiques qui, en s'altérant, donneraient lieu à des lacunes. Pour faire usage de cette terre, on se sert d'un moule composé de deux parois en planches (fig. 42), solidement consolidées par des traverses, et de quatre ou cinq châssis (fig 43), formés chacun d'une traverse *a*, appelée *lançonnier* ou *chef*, et de deux poteaux ou aiguilles *b*, longs de 1^{m}46 et de 0^{m}10 d'équarrissage, comme les lançonniers dans lesquels ces aiguilles s'assemblent. Ces aiguilles sont maintenues du bas par les coins *c*, et du haut par une entretoise *dd*, nommée *gros de mur*, contre laquelle on les serre au moyen d'un écheveau de corde et d'un tourniquet. Les gros de mur sont ainsi nommés parce que ce sont eux qui règlent l'épaisseur des murs. Les planches formant les parois du moule (fig. 44) se nomment *banches*. La figure 42 représente le moule tout monté sur une partie de pisé déjà faite. Les dimensions intérieures de ce moule sont ordinairement de 2ᵐ25 de long, sur 0ᵐ45 de large et 0ᵐ90 de hauteur.

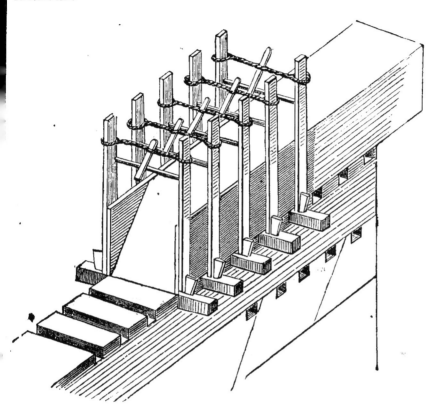

Fig. 42.

La terre préparée est jetée dans le moule par couches d'environ 0ᵐ10 d'épaisseur, que l'on réduit à 0ᵐ05, en la battant avec le *pisoir*, instrument composé d'une masse en racine d'orme ou de frêne d'environ 0ᵐ28 de haut sur 0ᵐ12 de diamètre (fig. 45), et qui est munie d'un manche de 1ᵐ25 de long.

En réitérant la charge de terre et de battage au pisoir, on finit par obtenir une masse très-dure, dont les dimensions sont réglées par celles du moule, et que l'on termine par un plan incliné à 60°.

Tout grossier que paraisse ce travail, il exige cependant de grands soins. D'abord il faut l'établir sur une bonne fondation en maçonnerie ordinaire, élevée au moins de 0ᵐ30 à 0ᵐ50 au-dessus du sol, et toujours l'abriter soigneusement contre la pluie. En outre, il

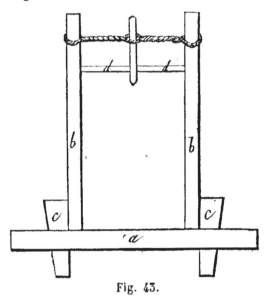

Fig. 43.

est nécessaire que le *pisage* ou *battage* soit toujours complet, c'est-à-dire prolongé jusqu'à ce qu'il ne produise plus d'effet.

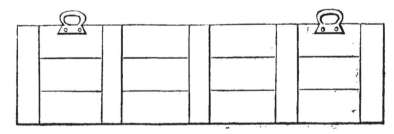

Fig. 44.

Fig. 45.

Le pisé paraît être employé avec quelque succès dans le midi de la France, particulièrement aux environs de Lyon et dans le Dauphiné; on y montre encore des con-

structions que l'on assure être fort anciennes, mais nous
ne pensons pas qu'il puisse jamais être appliqué dans
nos climats pluvieux. Au surplus, les prix élevés de la
main-d'œuvre ne permettent guère d'attendre de son
emploi une économie réelle. Des essais ont été tentés par
plusieurs architectes, et notamment par un constructeur
lyonnais, nommé Cointereau, enthousiaste propagateur
du pisé, qui en fit, au commencement du siècle, plusieurs
constructions dans les environs de Paris, mais nous
lisons dans un remarquable article sur ce sujet, écrit
avant 1839 par M. Gourlier « qu'il en existe encore *quelques restes* du côté de Vincennes et d'Ivry ; » quelques
restes, au bout de moins de 39 ans, cela n'est pas bien
encourageant ! Nous pouvons ajouter que nous avons vu,
dans le département de l'Aisne, plusieurs fragments
d'une clôture en pisé, commencée pour la fermeture des
dépendances d'un château ; peut-être la terre n'avait-elle
pas été bien choisie, peut-être aussi n'avait-elle pas été
bien *pisée,* mais il est certain qu'à l'aide d'un mauvais
couteau, ou l'entamait avec une grande facilité ; les enfants l'avaient même percée en plusieurs endroits.

Peut-être parviendrait-on à faire un pisé, capable de
résister aux intempéries de nos climats, en humectant la
terre, bien desséchée d'avance, avec un léger lait de
chaux ; peut-être aussi, en y incorporant un peu de poussière de chaux hydraulique (1). Le pisé pourra s'améliorer, mais nous ne pensons pas qu'il soit jamais économique.

On a également préconisé un nouveau genre de construction économique, fort usité, dit-on, en Suède, en
Norwége et dans le nord de l'Allemagne, qui consiste
en une espèce de pisé, dans lequel la terre est remplacée
par un véritable mortier, composé de 9/10 de sable et 1/10
de chaux, hydraulique de préférence. Ce mortier employé beaucoup plus dur que pour la maçonnerie ordi-

(1) Voir pour plus de détails : *Art de bâtir,* par Rondelet, et *Mémoires* de
Cointereau.

naire, se comprime exactement comme la terre dans le pisé ordinaire.

Nous avouons ne pas avoir une foi entière dans l'économie dont on gratifie ce procédé, car nous avons toujours trouvé que le mortier, même aussi maigre que celui indiqué ci-dessus, coûtait beaucoup plus cher que de bons moellons dont l'usage sera toujours préférable. Ajoutons encore que, pour l'un comme pour l'autre genre de pisé, on est obligé de construire en vraie maçonnerie les tuyaux et foyers de cheminées, ainsi que tous les refends d'intérieur.

Nous ne serions nullement surpris que quelque architecte préconisât les murailles de verre; il en serait de cette invention comme du pisé de mortier. La chose est possible, elle ne serait même pas nouvelle, mais est-elle économique? Voilà la question. Quant aux murailles de verre, elles existent. En plusieurs endroits de l'Écosse et notamment sur la montagne de Craigh-Phadrick, à deux lieues d'Inverness, en France, à quatre lieues de Laval, et probablement en d'autres lieux également, on en retrouve encore des vestiges; c'est un véritable verre compact d'une couleur foncée, ressemblant beaucoup au verre à bouteilles. On suppose que ces constructions, d'une très-grande ancienneté, ont été obtenues en formant d'abord une espèce de moule, composé de deux murailles en terre, où l'on allumait un puissant brasier sur lequel, comme dans un haut fourneau, on jetait des substances vitrifiables. Ces matières, une fois en fusion, s'écoulaient au fond du moule, tandis que le bois, plus léger, surnageait et permettait de continuer l'opération jusqu'à ce que les murs fussent à la hauteur voulue. Tentera-t-on quelque jour de nouveaux essais? Cela n'est pas impossible; dans tous les cas, si des constructions de ce genre ne sont pas économiques, elles sont au moins solides.

§ 10. — *Charpente, planchers et combles.*

La charpenterie, depuis bon nombre d'années déjà, a subi d'importantes · améliorations, grâce aux habiles combinaisons employées aujourd'hui. On a réussi à diminuer de plus de moitié cette énorme quantité de bois dont on surchargeait jadis les bâtiments. C'est particulièrement dans la charpente du comble que l'on est parvenu à réaliser de grandes économies. Une chose remarquable, c'est que, dans beaucoup d'anciennes constructions, et même encore maintenant dans quelques-unes de celles dont la direction n'a pas été confiée à une personne expérimentée, les combles sont d'une lourdeur énorme, tandis que les planchers n'ont pas ou ont à peine la solidité nécessaire, faute très-grave et qui doit être évitée.

Les planchers, dont la première qualité réside dans la solidité, se font de deux manières différentes : soit avec des *poutres* et des *solives*, soit avec des *solives* seulement.

Les premiers sont formés de poutres AA (fig. 46),

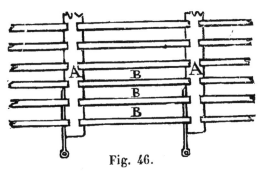

Fig. 46.

scellées et solidement ancrées entre deux gros murs, et de solives BBB, posées dans l'intervalle compris entre les poutres et perpendiculairement à ces dernières. Ordinairement à la partie supérieure des poutres et de chaque côté, on ménage des entailles de quelques centimètres de profondeur, nommées *pas*, dans lesquelles les solives entrent à force. Cette disposition, sans affaiblir sensiblement les poutres, donne une grande stabilité aux solives et de la roideur à l'ensemble. Les poutres se placent, autant que possible, perpendiculairement à la façade du bâtiment : d'une façade à l'autre, si le bâtiment est simple, et de chacune d'elles au mur de refend, si le bâtiment est double. Dans ces deux dispositions, les poutres reposent toujours sur les trumeaux.

Quand, dans un bâtiment double, les poutres sont de deux pièces, elles doivent toujours être posées bout à bout sur le mur de refend, et solidement reliées entre elles par une agrafe en fer, afin que l'action des ancres ne soit pas interrompue.

Si quelque raison de convenance ou d'économie déterminait à placer les poutres dans un sens opposé, c'est-à-dire parallèlement à la façade, il faudrait alors placer au-dessus de chaque trumeau, une solive plus forte que les autres, la relier par de bonnes agrafes en fer solidement fixées à celles qui se trouvent en face d'elles dans les autres travées, et ancrer dans la façade, comme on l'aurait fait pour des poutres, cette suite de solives AA (fig. 47) que l'on nomme pour cela *solives d'ancrage*. Cette précaution, trop souvent négligée, non-seulement donne une très-grande solidité, mais permet de diminuer notablement les épaisseurs des murs.

Dans toute bonne construction, les planchers, poutres et solives, reposeront toujours sur un *chaînage*, espèce de cadre (CC) en solives de chêne de 0^{m}08 sur 0^{m}18 d'équarrissage, solidement reliées les unes aux autres par des agrafes de fer, et ancrées aux quatre angles du bâtiment. Ce chaînage, qui doit se répéter à chaque étage, repose ordinairement sur la retraite que les murs de face font à chaque étage (fig. 48). Lorsque la maçonnerie ne fait pas de retraite, les chaînes doivent être noyées dans l'épaisseur des murs, et posées au mortier d'argile, afin de ne pas mettre le bois en contact avec la chaux qui lui est nuisible.

Le chaînage peut réaliser une notable économie sur les épaisseurs des murs qui seront alors, sans inconvénient, diminuées d'un quart, si toutefois au chaînage on a joint un ancrage bien combiné.

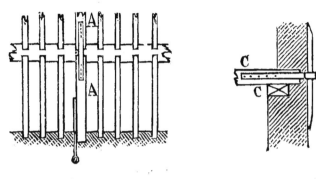

Fig. 47.   Fig. 48.

La manière d'établir les planchers avec des solives seules est extrêmement simple; elle consiste à placer sur le chaînage une seule rangée de madriers ayant une longueur égale à la largeur du bâtiment. Cette disposition donne de forts, beaux et bons planchers, mais la grande longueur que doivent avoir les solives ne permet pas d'employer d'autre bois que le sapin.

Voici quelques données relatives à la force que doivent offrir les bois employés à la construction des planchers, mais il sera toujours nécessaire d'adopter un équarrissage supérieur à celui qu'elles indiquent : 1° parce que les expériences sont toujours faites sur des bois exempts de tout défaut, ce que l'on ne peut pas espérer dans une construction même très-soignée; 2° parce qu'il faut toujours compter sur une fatigue supérieure à celle qui a été prévue.

On donne comme règle générale que les poutres doivent avoir, en hauteur, 1/18 de leur portée, ou, en d'autres termes, de la distance comprise entre les points d'appui; et, en largeur, 2/3 de leur hauteur. Ainsi donc une poutre de 9m00 de portée aura 0m50 de hauteur sur 0m33 de largeur.

Les solives auront 1/24 de leur longueur pour les planchers munis de poutres. Pour les planchers formés uniquement de solives, on emploie habituellement des madriers de sapin qui ont 0^m22 sur 0^m05. Cet équarrissage est suffisant pour une portée de 7 à 8 mètres, qui est la longueur habituelle de ces madriers.

Dans ces deux espèces de planchers, les madriers doivent être espacés de 0^m325. C'est ce que l'on appelle espacer de *quatre en latte*, par la raison que chaque latte destinée au plafonnage, ayant ordinairement 1^m30 de longueur, recouvre un nombre égal des intervalles ménagés entre les madriers. Il est aussi reconnu que la solidité des planchers de portée égale, est en raison double de la hauteur des solives, en raison directe de leur largeur, et en raison inverse de leur écartement.

Quand on veut consolider un plancher de solives d'une longue portée, on fait entrer à force, entre chacune d'elles, des bouts de bois, ou mieux des morceaux de solives du même équarrissage, nommés *étrésillons*, que l'on place à la suite les uns des autres, disposition qui leur permet de s'arc-bouter réciproquement. Ces étrésillonnements peuvent se placer de trois en trois mètres, ou à peu près.

Les *combles* ou *toitures* consistent habituellement en un certain nombre d'assemblages en charpente, nommés *fermes* ou *ramures*, posés parallèlement et reliés entre eux par d'autres pièces horizontales, nommées *pannes* et *faîtage*, qui supportent le toit proprement dit. Le toit lui-même se compose de solives nommées *chevrons*, chevillées sur les pannes, espacées à 0^m33 les unes des autres, et recouvertes de voliges ou lattes sur lesquelles se fixent les tuiles ou les ardoises.

Les fermes peuvent se construire de différentes manières, mais il faut toujours avoir soin de les établir de façon à faire porter le poids de toute la toiture parfaitement d'aplomb sur les murs, en évitant tout ce qui peut en déterminer l'écartement.

Donnons d'abord la description d'un comble complet, tel qu'il doit être construit dans tout bâtiment de quelque importance. A (fig. 49) est la *plate-forme* ou *sablière*, pièce en chêne, reposant à plat sur toute la longueur du couronnement des murs de face; B est une des *poutres* de l'étage; CC sont les *jambes de force* assemblées dans la poutre B, de manière que leurs parties inférieures ne puissent s'écarter sous le poids du comble qu'elles soutiennent presque entièrement. D est *l'entrait* assemblé

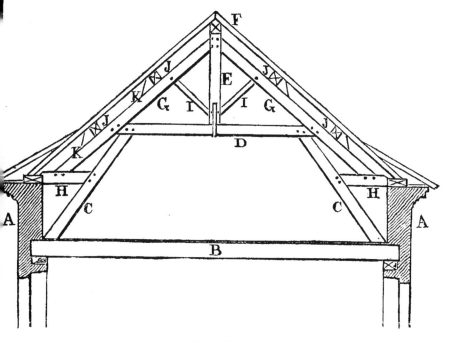

Fig. 49.

sur la partie supérieure des jambes de force CC; E est le *poinçon* assemblé à tenon sur le milieu de l'entrait et supportant le faîtage; F, le *faîtage*, pièce de bois parallèle à la face du bâtiment et formant la partie saillante du toit; GG, *arbalétriers*, pièces inclinées, déterminant la pente du toit, assemblées en bas sur les *blochets* HH, et en haut avec le poinçon E; HH, *blochets* reliant la *sablière* A à la jambe de force C, et maintenant le bas de l'arbalétrier G; II, *liens* ou *contre-fiches*, s'opposant à la flexion de l'arbalétrier dans les combles de grande dimension; JJJJ, *pannes* ou *ventrières*, pièces longitudinales, parallèles aux sablières et au faîtage, posées sur

les arbalétriers et sur lesquelles se fixent les chevrons;
KKKK, *chantignoles* assemblées sur les arbalétriers et
sur lesquelles reposent les pannes; **LL** (fig. 50), *liens
de faîtage* assemblés dans les poinçons et sous le faîtage
F, destinés à éviter la déformation de ce dernier; **M,** les
chevrons.

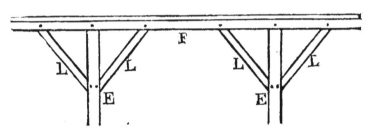

Fig. 50.

Tels sont les éléments qui entrent dans la construction d'un comble que l'on peut donner comme type de ce
genre d'ouvrages. C'est le modèle généralement employé
dans les grandes constructions, et il suffit d'examiner
attentivement la fig. 49, pour en constater la parfaite
solidité.

Nous voyons d'abord que presque toute la charge du
toit repose sur les jambes de force, **CC,** et tout l'assemblage, formé par les arbalétriers **GG,** le poinçon **E** et
l'entrait **D,** encore consolidé par les liens **II,** forme une
espèce de triangle parfaitement solide, qui repose sur
les jambes de force de la manière la plus avantageuse
possible; en outre, les jambes de force, assemblées
comme elles le sont dans la poutre du dernier plancher,
ne peuvent subir aucun écartement, et les arbalétriers
ne sauraient s'écarter du bas, attendu qu'ils sont reliés
aux jambes de force par les blochets **H,** reliés vers le
milieu par l'entrait **D,** et s'arc-boutent contre le poinçon dans lequel ils sont encore assemblés; enfin, ces
arbalétriers, soutenus en deux points par les entraits et
les liens, ne peuvent fléchir sous le poids des pannes et
de la charge que celles-ci supportent.

Nous avons dit que la ferme se place sur la poutre du dernier étage du bâtiment. Cette disposition est reconnue la meilleure, et doit toujours être adoptée à moins d'empêchement majeur. Dans ce dernier cas, les jambes de force ne sont plus aussi fermement maintenues, et l'entrait doit présenter une solidité beaucoup plus grande. On doit alors le placer aussi bas que possible, jamais plus haut que la moitié des arbalétriers, et pour plus de sûreté, au lieu de le faire d'une seule pièce, il sera formé, dans toute sa longueur, de deux parties entre lesquelles les jambes de force, les arbalétriers et les poinçons seront maintenus par des boulons. La fig. 51 représente cet assemblage : BB sont les deux pièces de l'entrait, et A, l'une des pièces qui doivent y être assemblées.

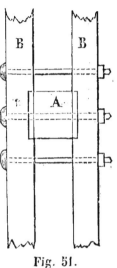

Fig. 51.

Nous venons de dire que le double entrait devait s'assembler avec les jambes de force ; cependant, si la

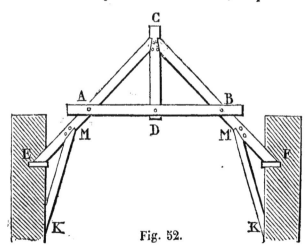

Fig. 52.

largeur du bâtiment n'excédait pas cinq ou six mètres, on pourrait le placer plus haut, ainsi que cela se voit dans la figure 52, où l'entrait AB ne comprend que les arba-

létriers EC, CF, et le poinçon CD, tandis que les jambes
de force MK restent isolées. Nous donnons cette disposition
comme simple exemple, et sans la recommander, car elle
ne peut convenir que pour des bâtiments fort étroits, et,
dans ce cas même, nous préférons de beaucoup celle
représentée dans la fig. 53, qui est tout à la fois beaucoup plus simple et plus solide, car le simple entrait AB
maintient bien plus efficacement l'écartement des murs.
Si l'on trouvait dans cette ferme la portée des arbalétriers un peu longue, il serait facile de les soutenir par
deux liens assemblés dans le poinçon CD, à peu près
comme le sont ceux II de la fig. 49.

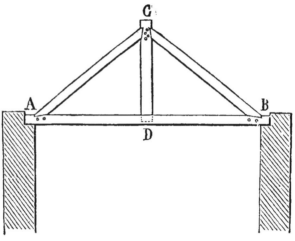

Fig. 53.

Quant à l'écartement des fermes entre elles, il peut
varier de trois à quatre mètres, mais il ne doit pas être
plus considérable.

La hauteur des combles peut varier, dans une certaine
limite, avec la nature des matériaux employés pour la
couverture. Ainsi, par exemple, les ardoises et le zinc
exigent moins de pente que les tuiles et les pannes. Avec
ces dernières on doit donner aux combles leur maximum
d'élévation, qui s'obtient en disposant les chevrons de
manière que les deux pans du toit forment entre

eux un angle droit. La fig. 54 indique l'opération à faire pour ce résultat. A est le sommet cherché, mais, pour les couvertures en ardoises ou en zinc, ce point peut être surbaissé d'un cinquième (B), ou même d'un quart (C).

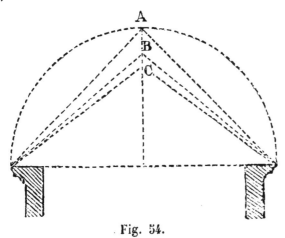

Fig. 54.

Voici quelques données sur la force que doivent avoir les différentes pièces d'une charpente en chêne bien combinée :

Jambes de force, arbalétriers et entraits : en hauteur, 1/24 de leur longueur; en largeur, 2/3 de leur hauteur; poinçons et liens : en carré, la plus petite dimension des arbalétriers et entraits; pannes : en hauteur, 1/18 de leur portée, en largeur, 2/3 de leur hauteur; faîtage : en hauteur, 1/18 de sa portée, en largeur, 2/3 de sa hauteur.

Si la charpente est en sapin, il est convenable d'en augmenter un peu la force, et surtout d'en consolider les assemblages par des équerres et des étriers en fer. Dans les petites charpentes, il est également nécessaire d'augmenter un peu les équarrissages, tandis que, dans les plus grandes, on peut les diminuer notablement. Les dimensions mentionnées ci-dessus, conviennent parfaitement pour des bâtiments de six à huit mètres de large.

Tous les bois, bien entendu, seront toujours posés de

champ, de manière à présenter leur plus grande force au fardeau qu'ils doivent supporter.

Les plates-formes ou sablières doivent de préférence être en bois de chêne et posées, comme le chaînage, sur un lit de mortier d'argile; on leur donne une épaisseur uniforme de 0^m06 sur environ 0^m22 de largeur. Quant aux chevrons, pour lesquels on emploie très-souvent du bois en grume, on leur donne de 0^m10 à 0^m15 de diamètre.

Si, comme cela arrive souvent, un mur de refend, d'une brique ou d'une brique et demie d'épaisseur, coupe le bâtiment précisément à l'endroit que doit occuper l'une des fermes, si, d'ailleurs, la destination du grenier ne s'y oppose pas, on doit toujours profiter de cet avantage et monter ce mur en pointe de pignon jusqu'au sommet du toit. On évite ainsi une ferme, et l'on se ménage un moyen souvent efficace, d'arrêter les progrès d'un incendie.

Quand on désire que le toit déborde l'entablement, on doit d'abord recouvrir celui-ci d'une planche de chêne, dite *planche d'entablement*, que l'on agrafe avec la plate-forme, et puis clouer à l'extrémité inférieure de chaque chevron un bout de bois de même force, nommé *coyau*, taillé en sifflet allongé pour bien s'adapter sur le chevron, et qui dépasse l'entablement de toute la longueur que l'on veut donner à la saillie du toit. Voyez **LL**, fig. 49, p. 222.

Nous pouvons encore recommander une disposition de comble extrêmement économique, et d'une solidité parfaite pour les petits bâtiments de 3 à 4 mètres de large.

Ce comble se compose tout simplement de petites fermes formées de trois planches solidement clouées ensemble en forme d'A (fig. 55), espacées de 0^m33 et reliées entre elles seulement par les voliges destinées à recevoir les tuiles ou les ardoises. Ces fermes, qui servent en même temps de chevrons, peuvent avoir 0^m03 d'épaisseur sur 0^m16 de large. Chaque assemblage doit être solidement fixé avec cinq bons clous rivés, et les

entraits, placés seulement au tiers de la hauteur. Nous
pouvons garantir la solidité de ces combles, surtout
si, par le surcroît de précaution, on met, à chaque
dixième ou douzième ferme, un entrait en fer laminé de
quatre centimètres de large sur deux ou trois millimètres d'épaisseur.

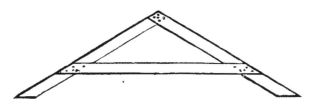

Fig. 55.

Il est inutile d'entrer dans l'examen des toits à un
seul égout, ou, en d'autres termes, à un seul pan, attendu qu'ils s'établissent sur une demi-ferme, qui est
exactement la moitié de celle que nous avons décrite.

§ 11. — *Escaliers.*

Les escaliers se construisent de différentes manières,
avec plus ou moins d'élégance et de solidité. On distingue les escaliers entre deux murs, qui sont les plus
économiques, et ceux à *un* ou *deux limons.* On nomme
limon un large madrier dans lequel sont embrevées les
extrémités des marches. Les marches peuvent être fixées,
soit dans le mur d'un côté, et dans un limon de l'autre,
soit entre deux limons. Ces diverses espèces d'escaliers
sont construites par les charpentiers. Quant aux escaliers
tournants, anglais, etc., ils sont du domaine de la menuiserie.

Les escaliers se composent d'un certain nombre de
marches ou *degrés,* dont la surface, c'est-à-dire la partie
sur laquelle on pose le pied, se nomme *giron.* La
planche qui forme la hauteur de la marche se nomme
contre-marche. Il est d'usage de proportionner les esca-

liers de telle façon que la hauteur de la contre-marche, ajoutée à la largeur du giron, fasse avec celle-ci 50 centimètres. Cela s'accorde effectivement avec les dimensions d'un bel escalier ordinaire, dont les marches peuvent alors avoir 0^m20 de hauteur sur 0^m30 de largeur; mais il ne s'ensuit pas que si l'on fait les marches plus hautes, on soit obligé de rendre l'escalier incommode et même dangereux, en faisant les girons plus étroits. Aussi conseillons-nous, à moins d'impossibilité absolue, comme, par exemple, quand on manque de place, de leur donner au moins 0^m26 à 0^m28 de large, quelle que soit leur hauteur.

Souvent, dans les villes, pour économiser la place, on fait des escaliers excessivement étroits, qui parfois n'ont pas même 0^m75 de large. Ce qui n'est à la ville qu'un léger inconvénient serait à la campagne un vice capital, car, en admettant même que le grenier ne fût pas destiné à l'emmagasinement des grains, il est certain que l'escalier devra toujours livrer passage à des fardeaux plus ou moins volumineux; aussi conviendra-t-il de ne jamais lui donner moins d'un 1^m00 à 1^m10 de large. Quelle que soit la construction de l'escalier, le giron, au moins, sera toujours construit en bois de chêne. Il est également convenable, surtout dans les escaliers par lesquels on peut avoir à monter de lourds fardeaux, de ménager, au moins à chaque étage, des *paliers*, c'est-à-dire des girons d'un ou plusieurs mètres de largeur, qui puissent servir de repos; on doit aussi en ménager devant chaque porte qui donne sur l'escalier, afin d'en rendre l'abord plus facile.

On nomme *rampe* ou *volée* d'escalier, la suite de marches qui se trouvent comprises entre deux paliers; les règles de l'architecture veulent que le nombre de marches composant chaque travée, soit toujours impair, et soit compris entre trois et vingt et une.

L'enceinte dans laquelle se place l'escalier se nomme la *cage*.

passant sous silence celles qui ne nous paraissent pas avantageuses.

La *couverture en ardoises* s'établit sur une sorte de lattis jointif en voliges de bois blanc ou de sapin, clouées sur chaque chevron par deux clous au moins. Ces voliges n'ont pas besoin d'être serrées ; il suffit que les vides qui peuvent exister entre elles n'excèdent pas 0^m04 à 0^m05.

On commence par faire l'*égout*, c'est-à-dire le premier rang d'ardoises. On pose ensuite le second rang, qui doit couper les joints du premier et le recouvrir de manière à ne laisser voir que le tiers de la longueur de l'ardoise (fig. 60). Cette partie visible de l'ardoise est ce que

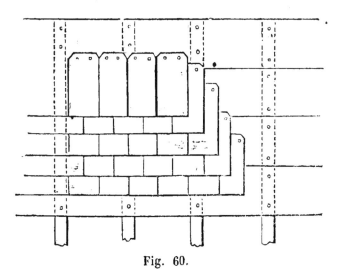

Fig. 60.

l'on nomme le *pureau*. Chaque ardoise est fixée au lattis au moyen de deux ou trois clous. Ces clous, à tête plate et très-mince, ont de 18 à 20 millimètres de longueur et sont de 600 à 700 au kilogramme.

On clouait autrefois les ardoises sur des lattes en chêne, mais cette méthode est complétement abandonnée ; ces lattes avaient d'abord le défaut de rebondir sous le marteau, (ce que les couvreurs appellent *tambourer*), et, de plus, celui de se fendre facilement.

Dans le cas où l'emplacement serait absolument trop
restreint pour donner à l'escalier une pente convenable,
il vaudrait mieux adopter un simple escalier de meunier,
(fig. 58), sans contre-marche, sur lequel on peut, au besoin, descendre à reculons, que de construire un de ces
escaliers dangereux, dont les girons, trop étroits, ne
reçoivent que la moitié du pied (fig. 59). Il est préférable,
dans tous les cas, de faire les marches un peu hautes
plutôt que trop étroites.

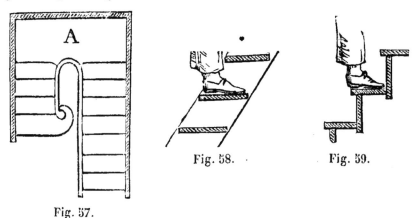

Fig. 58.   Fig. 59.

Fig. 57.

Quelle que soit l'espèce d'escalier, fût-ce même un
simple escalier de meunier, il conviendra toujours d'y
adapter une rampe solidement établie.

§ 12. — *Couvertures.*

Parmi les matériaux dont on fait usage pour la couverture des bâtiments, les ardoises et les tuiles ou pannes
occupent le premier rang. On emploie également le zinc,
le bois, la fonte, le fer galvanisé, la toile peinte, le carton, la paille, le jonc, etc., etc.; mais, quoique plusieurs de ces substances puissent donner de bons résultats, à notre avis, il n'en est aucune qui réunisse, au
même degré que les ardoises et les tuiles, les conditions
d'économie et de solidité. Quoi qu'il en soit, nous dirons
cependant un mot des principales d'entre elles, mais en

passant sous silence celles qui ne nous paraissent pas avantageuses.

La *couverture en ardoises* s'établit sur une sorte de lattis jointif en voliges de bois blanc ou de sapin, clouées sur chaque chevron par deux clous au moins. Ces voliges n'ont pas besoin d'être serrées; il suffit que les vides qui peuvent exister entre elles n'excèdent pas 0ᵐ04 à 0ᵐ05.

On commence par faire l'*égout*, c'est-à-dire le premier rang d'ardoises. On pose ensuite le second rang, qui doit couper les joints du premier et le recouvrir de manière à ne laisser voir que le tiers de la longueur de l'ardoise (fig. 60). Cette partie visible de l'ardoise est ce que

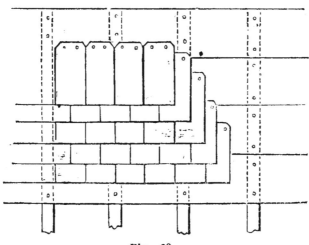

Fig. 60.

l'on nomme le *pureau*. Chaque ardoise est fixée au lattis au moyen de deux ou trois clous. Ces clous, à tête plate et très-mince, ont de 18 à 20 millimètres de longueur et sont de 600 à 700 au kilogramme.

On clouait autrefois les ardoises sur des lattes en chêne, mais cette méthode est complétement abandonnée; ces lattes avaient d'abord le défaut de rebondir sous le marteau, (ce que les couvreurs appellent *tambourer*), et, de plus, celui de se fendre facilement.

10

Comme les ardoises ne peuvent couvrir les parties saillantes ou rentrantes des toits, telles que les arêtiers, les faites, etc., on les garnit ordinairement de lames métalliques en zinc ou en plomb, ou de tuiles cintrées, posées au mortier hydraulique.

Les *tuiles plates*, dépourvues de crochet, sont percées de deux trous pour recevoir les clous, et se posent absolument de la même manière que les ardoises.

Les tuiles plates, munies de crochets, se placent comme les ardoises, et s'accrochent à la façon des pannes.

Elles forment des couvertures de longue durée mais fort lourdes, car elles s'imbriquent comme les ardoises. On évite cet inconvénient au moyen de grandes tuiles en S ou *pannes*, qui ne se recouvrent que par leurs bords, disposition qui donne plus de légèreté à la couverture, tout en lui conservant la même solidité. Ce sont ces dernières qui sont presque exclusivement employées dans notre pays. Quand un bâtiment doit être couvert en pannes, on cloue d'abord sur les chevrons du toit des lattes en sapin de 0m03 sur 0m04 ; ces lattes sont posées à une distance qui varie suivant les dimensions des pannes, et sont assujetties par un clou à chaque chevron. C'est à ce lattis (fig. 61 et 62) que sont accrochées les pannes, au moyen du crochet qu'elles portent à la face inférieure. On doit faire la plus grande attention à ce qu'elles se recouvrent latéralement de la manière la plus exacte, afin qu'il n'existe point de joints par où l'eau puisse pénétrer. Tous les joints des pannes doivent être jointoyés avec soin, à l'intérieur et à l'extérieur, avec du bon mortier hydraulique. Quant au mode de fixation des pannes au moyen de torches de paille, il doit être répudié comme funeste en cas d'incendie, le feu y rencontrant un aliment, et il ne devrait même pas être toléré par l'autorité chargée de veiller à la sécurité publique. Nous avons vu le feu transmis à de grandes distances uniquement par cette construction des plus vicieuses.

Les tuiles, nouveau modèle, dont nous avons parlé en

traitant des matériaux qui se fabriquent à Anvers, chez MM. Delangle et Josson, sont très-recommandables; elles sont d'un très-bon usage et d'un fort bel effet. Elles

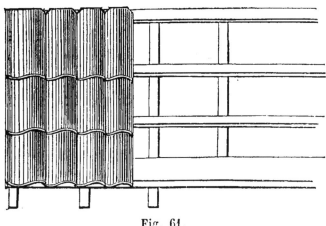

Fig. 61.

s'emboîtent les unes dans les autres de manière à rendre tout ballottement impossible, et préviennent toutes les filtrations de l'eau.

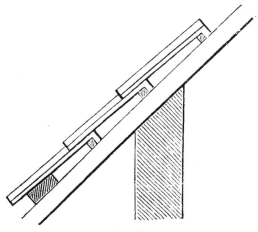

Fig. 62.

Nous mentionnerons encore ici les tuiles en fonte, proposées à plusieurs reprises et essayées, paraît-il, avec quelque succès en Angleterre. Elles ont à peu près la forme des tuiles ordinaires, et sont cannelées dans le sens

de leur longueur, disposition heureuse qui, tout en faci-
litant l'écoulement des eaux, permet d'en diminuer
l'épaisseur. Cette couverture, moins lourde qu'on ne le
penserait, puisque son poids est inférieur à celui des
tuiles ordinaires, aura toujours contre elle les inconvénients du prix et de l'oxydation. On en a fait de plusieurs modèles, dont le meilleur, celui de M. Derosme,
avait 0^{m}36 de long et 0^{m}25 de large, sur une épaisseur
moyenne de 4 millimètres. Ces tuiles s'agrafent à peu
près comme les pannes.

Le *zinc* présente le grave inconvénient de brûler vivement lorsqu'il est chauffé au blanc au contact de l'air,
mais il peut donner d'excellentes couvertures, précieuses surtout par leur légèreté. De nombreux ouvrages
en attestent la solidité. Toutefois son emploi exige de
grands soins.

Il est essentiel que le zinc ne soit assujetti que par des
ourlets ou *agrafes* qui lui permettent de se dilater sans
déchirement ; on doit éviter les soudures, et ne jamais
le mettre en contact avec le fer ou la fonte; aussi ne le
clouera-t-on sur la toiture qu'avec des clous du même
métal. A cet effet, chaque feuille se termine sur les bords
parallèles aux chevrons par deux boudins ou enroule-
ments en spirale. Ces boudins (fig. 63) doivent avoir au
moins 0^{m}01 de diamètre.

Fig. 63.

Pour poser le zinc, on commence par mettre la première
feuille en place et on la fixe
au moyen de plusieurs mains ou pattes, puis on place la
seconde en faisant entrer son enroulement (B) dans celui (A) de la première.

Dans un autre mode d'assemblage, les feuilles sont
toutes garnies de chaque côté de relèvements courbes,
qui se juxtaposent au moment de la pose, et sont ensuite
réunis par un *couvre-joint* séparé (fig. 64).

Enfin, au lieu d'être juxtaposées, les feuilles sont
quelquefois séparées par une tringle en bois de 0^{m}035

d'équarrissage en chêne ou en bon sapin cloué sur le lattis du toit, et l'on recouvre ensuite par une espèce de gouttière renversée (fig. 65).

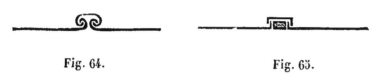

Fig. 64.   Fig. 65.

Le principal avantage des couvertures en métal est de laisser au vent et à l'eau beaucoup moins de prise que les autres, et de permettre, en même temps, de diminuer considérablement l'inclinaison des toits qui, de 40° à 45°, pente nécessaire pour les tuiles et les ardoises, peut se réduire à 20° ou 25°. De là résulte nécessairement une assez grande économie de charpente; mais on est alors obligé, chaque hiver, de faire balayer les neiges, opération désagréable, sans doute, mais nécessaire, tant pour conserver le zinc que pour soulager la charpente d'une surcharge quelquefois énorme. Il convient de faire observer que ce grand surbaissement des combles oblige de monter la maçonnerie des *encuvelures*, c'est-à-dire celle qui est comprise entre le plancher du grenier et la naissance du toit, beaucoup plus qu'on ne le fait habituellement, sinon le grenier serait impraticable.

Le *bardeau*, jadis beaucoup employé, et usité même encore aujourd'hui dans quelques localités, n'est autre chose qu'une ardoise en bois, grossièrement taillée ou plutôt fendue à la manière des douves de tonneaux. Le bardeau se pose absolument comme l'ardoise. Cette couverture, encore assez dispendieuse, est trop exposée au feu pour être admise dans de bonnes constructions.

Les *planches* sont aussi quelquefois employées comme couverture. Ces toits, dont nous voyons des spécimens sur les baraques des foires, n'ont pas besoin de description, et ne sont admissibles que pour des constructions provisoires.

Le *carton* qui menace aujourd'hui d'envahir toutes les

constructions légères, est un carton grossier, de trois ou quatre millimètres d'épaisseur, imprégné d'une composition bitumineuse dont le goudron minéral, étendu de goudron de gaz, paraît être la base. Ce produit, préconisé par les intéressés, qui ont été jusqu'à le déclarer incombustible, est très-loin d'avoir les mérites qu'on lui attribue. D'abord, il ne peut se soutenir que posé sur un lattis en voliges parfaitement dressé, et sa conservation exige qu'on lui donne, chaque année, au moins deux bonnes couches de goudron, ce qui en diminue singulièrement l'économie. Quant à son incombustibilité, nous avons vu brûler un petit bâtiment qui en était recouvert, et l'incendie, qui n'a duré que 25 minutes, dépassait en intensité tout ce que nous avons jamais vu de plus violent. C'était un pot à feu de 6^m00 au carré.

La *toile peinte*, de même que le carton, s'applique sur voliges. La toile y est attachée par des clous à tête plate, et disposée par lés horizontaux se recouvrant les uns les autres. Chaque lé s'étend d'abord à l'envers sur le dernier lé posé, et environ 15 à 18 millimètres plus bas, afin d'en recouvrir le bord par la lisière de ce dernier, et de former ainsi une espèce de bourrelet de trois épaisseurs de toile que l'on fixe par une ligne de clous. Cela fait, on retourne le lé et on l'étend sur la volige pour le reprendre avec le lé suivant, de la manière qui vient d'être décrite.

On peut suppléer à la peinture par une couche de dix à douze millimètres de mastic d'asphalte. Ce dernier procédé paraît avoir donné d'assez bons résultats. Nous ne conseillons cependant pas ces procédés ultra-économiques pour les constructions importantes, car nous ne les croyons réellement bons que pour quelques pavillons de jardins anglais, ou, tout au plus, pour des hangars.

Quant aux couvertures de *paille, chaume, joncs* ou *roseaux*, nous ne les mentionnons ici que pour engager les autorités que la chose concerne, à les interdire de la manière la plus formelle.

Quel que soit le mode de couverture adopté, on ne devra jamais en confier l'exécution qu'à des entrepreneurs bien connus, à cause de la difficulté que l'on éprouve à vérifier leur travail. La fraude la plus ordinaire consiste à donner aux tuiles ou aux ardoises plus de *pureau* qu'il n'est convenable, afin d'économiser sur les fournitures et la main-d'œuvre. On peut aussi être trompé sur le nombre de clous qui fixent les voliges, les lattes et les ardoises.

Quant aux matériaux, ils peuvent toujours être examinés avant leur emploi.

§ 13. — *Menuiserie.*

Quoique toute la menuiserie soit exécutée par les mêmes ouvriers, elle se divise cependant en deux parties assez distinctes, désignées sous les noms de *menuiserie dormante* et de *menuiserie mobile.* La première comprend les planchers et les parquets, les lambris et les escaliers délicats ; les portes, les fenêtres, les volets, les persiennes, etc., etc., rentrent dans la menuiserie mobile.

Les planchers les plus ordinaires, par conséquent les plus employés à la campagne, se font avec des planches entières, mises seulement d'égale largeur, assemblées à rainures et languettes, et clouées, au rez-de-chaussée, sur des lambourdes en chêne placées sur le sol ou, ce qui vaut mieux, sur un pavé grossier de briques posées à plat, et, aux étages supérieurs, sur les solives mêmes qui forment la charpente du plancher. Dans les planchers plus soignés, les planches sont refendues de

Fig. 66.

manière à n'avoir qu'une largeur réglée de 0m10 à 0m11. Ces planches, également assemblées à rainures (fig. 66), doivent toujours être fixées à *clous perdus*, ce qui s'obtient en plaçant obliquement dans les joints, sur chaque solive, une pointe de Paris de 0^{m}05, comme on le voit en A où nous avons figuré le joint de grandeur naturelle. Les planches étroites ont sur les larges l'avantage de ne point se déformer et de subir moins de retrait.

A

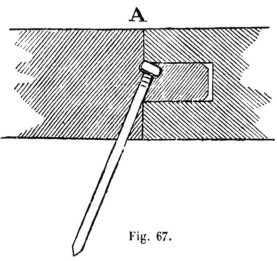

Fig. 67.

Les planchers du rez-de-chaussée devront toujours être en bois de chêne de bonne qualité, parfaitement sain, et avoir au moins 0^{m}04 d'épaisseur. Pour les étages supérieurs, on peut employer le sapin, quoique cependant le chêne soit préférable. Quand on se sert de ce dernier, on peut réduire l'épaisseur à 0^{m}025. Le bois dont on fait usage, comme, du reste, pour toute la menuiserie en général, doit toujours être employé parfaitement sec et débité depuis quatre ou cinq ans. Les planchers ne doivent pas être placés avant que la plus forte humidité du bâtiment ne soit dissipée. Quand on néglige cette précaution, il arrive souvent que, l'année suivante, les joints des planchers sont tellement ouverts, qu'une réparation est indispensable. En pareil cas, le seul remède convenable consiste à déclouer les planches et à les reclouer, en les resserrant aussi parfaitement que possible. C'est aussi le meilleur moyen de réparer un vieux plancher ; en redressant les bords des planches, il redevient aussi propre, et souvent il est plus solide que neuf. On se borne parfois à boucher les joints avec des tringles de bois, mais ce travail, qui coûte autant qu'une bonne réparation, ne vaut absolument rien.

Les lambris, fort en usage autrefois et peut-être trop négligés aujourd'hui, tout en servant de décoration aux appartements, ont le grand avantage de les rendre tout à la fois plus sains et plus commodes. On les distingue en *lambris de hauteur*, qui montent jusqu'aux entablements des plafonds, et en *lambris d'appui*, qui ne s'élèvent habituellement que jusqu'aux appuis des croisées.

Les bons lambris d'appui se composent d'encadrements en bois de chêne de 2 à 2 1/2 centimètres d'épaisseur, remplis par des panneaux en sapin ou en bois blanc. Ils doivent toujours être goudronnés ou solidement peints à l'envers avant d'être mis en place.

Les *plinthes*, qui doivent toujours être placées au bas des murs dans toutes les pièces d'une maison, font encore partie de la menuiserie dormante. Quant aux *escaliers*, nous nous en sommes suffisamment occupé en parlant de la charpente.

Les portes charretières doivent avoir au moins 3ᵐ00 de largeur, sur une hauteur suffisante pour livrer passage aux plus hautes voitures de grains ou de fourrages. Ces portes, à cause de leurs grandes dimensions, sont toujours à deux battants ou ventaux, et doivent, pour la même raison, être d'une construction en même temps légère et solide.

Le défaut habituel d'une porte un peu large étant de perdre son équerre en s'affaissant par son propre poids, on doit s'efforcer de prévenir cet inconvénient, soit en plaçant dans les cadres formés par le bâti de la porte, des liens ou *esseliers* AA (fig. 67), ou bien en clouant sur ce bâti les planches dans une position oblique, de manière qu'elles fassent lien elles-mêmes (fig. 68). Ce dernier moyen est bon, mais, pour réussir, les planches

doivent être plus fortes qu'on ne les emploie ordinairement, et être très-solidement clouées au moyen de clous
de forge à forte tête. Un moyen efficace pour prévenir
l'affaissement des portes de grandes dimensions, et même

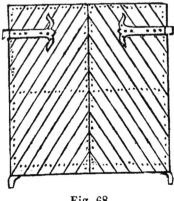

Fig. 67.   Fig. 68.

pour ramener sur leur équerre celles qui l'auraient per-
due, consiste à placer, en haut de chaque battant du côté
des pentures, et en bas, du côté opposé (fig. 69), deux
fortes équerres AA en fer, portant chacune à leur sommet
un rebord percé d'un trou dans lequel passe un long
boulon B, formant lien en diagonale. Ce boulon, terminé
par un écrou, suffira, dans tous les cas, pour remettre une
vieille porte dans sa position primitive. Il est à observer
qu'en pareil cas, les angles de la porte doivent pouvoir
jouer au fur et à mesure que l'effort du boulon se fait
sentir sur eux, et, qu'en conséquence, on ne doit d'abord
fixer qu'une seule des branches de l'équerre ; on fixe
l'autre, quand tout est bien en place.

Assez ordinairement, on pratique dans ces portes un
guichet pour le passage des piétons, et cela dérange
quelque peu la combinaison du bâti ; cependant on lui
conserve toute la solidité désirable en reliant seulement
le panneau supérieur (fig. 70), et, s'il est possible, en
mettant encore un petit lien derrière le guichet.

Les portes de grange sont de véritables portes charretières, mais, habituellement, d'une construction plus légère, à moins qu'elles ne fassent clôture extérieure.

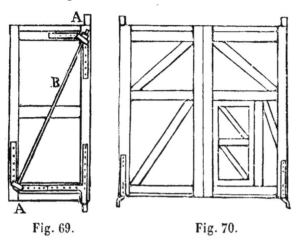

Fig. 69.   Fig. 70.

Les *portes cochères* sont destinées à l'entrée des voitures de moindre dimension, telles que voitures suspendues, etc.; on leur donne ordinairement 2ᵐ60 d'ouverture. Elles se construisent à peu près de la même manière que les précédentes, seulement la construction en est un peu plus soignée.

On nomme *portes bâtardes* des portes de moindre largeur que les dernières et qui n'ont qu'un seul battant. Ces portes servent au passage du bétail, des brouettes ou d'hommes chargés de.fardeaux. On en fait même qui atteignent des dimensions suffisantes pour laisser passer quelques voitures légères, mais, dans ce cas, elles sont souvent incommodes·et leur unique battant peut manquer de solidité à cause de sa grande largeur.

Les *portes simples* ou *portes ordinaires* ou *petites portes*, ont une largeur qui peut varier de 0ᵐ80 à 1ᵐ00 sur une hauteur d'environ 2ᵐ00. La menuiserie de ces portes se fait de trois manières différentes.

La plus simple, généralement employée pour les portes des greniers, des caves, des porcheries, etc., etc., consiste en trois traverses AAA (fig. 71), sur lesquelles sont solidement clouées les planches qui forment le fond

de la porte ; les traverses du haut et du bas reçoivent les
pentures, et celle du milieu, le loquet et la serrure. Si
cette porte devait excéder une largeur de 1ᵐ00 à 1ᵐ20
ou être exposée à une certaine fatigue, on la rendrait infiniment plus solide, en y ajoutant les petits liens B.

La seconde, qui est la plus solide de toutes, et, par conséquent, celle qui convient le mieux pour les entrées de
maisons, se construit absolument comme un
des battants de la porte charretière représentée fig. 67, mais avec beaucoup plus de soins;
pour en rendre l'intérieur plus propre, on le
recouvre ordinairement de panneaux en voliges de chêne; quant à la face extérieure,
elle doit être formée par des planches de

Fig. 71.   chêne de 2 1/2 à 3 centimètres d'épaisseur,
sur 0ᵐ10 à 1ᵐ15 de large, assemblées à rainures et languettes, et très-solidement clouées sur le bâti.

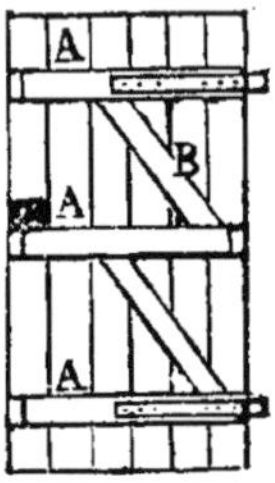

La troisième espèce de portes comprend celles à *panneaux*. Ce sont les plus élégantes, et celles qui s'emploient habituellement pour les intérieurs, quoique
cependant elles conviennent également bien pour les
fermetures d'habitations, si elles sont construites avec
du bois d'une force suffisante. Elles se composent d'un
bâti formé de deux montants A A, et de trois ou quatre
traverses B B, dans les intervalles desquelles sont en-
châssés des panneaux de bois plus mince C C (fig. 72
et 73). Lorsque ces portes sont destinées pour l'intérieur, les bâtis se font en bois de chêne ou de très-bon
sapin de 0ᵐ03 au moins d'épaisseur, sur une largeur
de 0ᵐ11 à 0ᵐ12. Les panneaux peuvent être faits en
bonnes voliges de sapin ou de bois blanc, mais elles
doivent être parfaitement sèches et assemblées et collées
très-solidement.

Si l'on veut en faire des portes de fermeture d'entrée,
l'épaisseur des bois du bâti devra être portée à 0ᵐ04
ou 0ᵐ05, et celle des panneaux à 0ᵐ025, le tout en
chêne.

Dans tous les intérieurs un peu soignés, les baies des portes sont revêtues d'un encadrement en planches ou voliges que l'on nomme *chambranles*. Les chambranles sont simples ou doubles, suivant qu'ils revêtent les deux

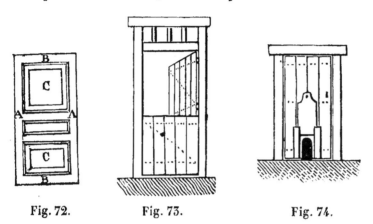

Fig. 72.   Fig. 73.   Fig. 74.

faces du mur ou une seule. Les portes d'entrée, ordinairement, n'ont pas de chambranles, mais elles sont quelquefois montées dans un cadre en bois scellé dans la maçonnerie. Elles sont presque toujours surmontées d'un châssis vitré nommé *imposte*, destiné à donner du jour dans le corridor ou vestibule quand la porte est fermée. Comme les impostes n'ont pas de volets, et que, cependant, ils doivent servir de fermeture, il sera très-prudent de placer derrière le vitrage quelques bons barreaux de fer. Dans aucun cas, on ne doit compter comme fermeture les panneaux en fonte découpés à jour, soit pour vitrage, soit pour simple ornement, car on les brise avec la plus grande facilité. Diverses autres espèces de portes, inusitées dans les constructions bourgeoises, sont, au contraire, d'un fréquent emploi à la campagne. Telle est la *porte coupée*, très-convenable pour les porcheries, les petites bergeries, etc., et qui n'est autre chose qu'une porte sur barres, coupée en deux dans le sens de sa hauteur, de manière que sa partie supérieure puisse s'ouvrir comme un volet pour aérer l'intérieur, sans laisser sortir les animaux. La figure 73 donne une idée claire de cette construction. Telles sont également les portes à jour, destinées soit à donner de l'air dans l'intérieur d'un bâtiment, soit à livrer passage aux poules, canards, etc. (fig. 74), par une ouverture pratiquée à la partie inférieure, etc.; enfin, les barrières employées pour la fermeture des vergers, des jardins, des cours à bestiaux, des enceintes de meules. Ces barrières se construisent de différentes façons, et l'on en fait même de très-élégantes, mais, avant tout, elles doivent être solides. Sous ce rapport, nous recommandons celle représentée figure 75.

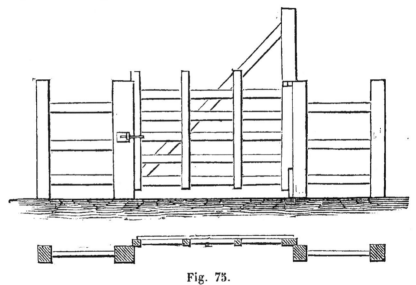

Fig. 75.

La menuiserie des *croisées* comprend le *dormant,* cadre fixé par des pattes ou agrafes dans les embrasements de la maçonnerie, et *un* ou *deux châssis mobiles,* unis au dormant par des *charnières* ou *fiches*, et divisés en compartiments par des tringles en bois ou en fer destinées à recevoir les vitres. Si la croisée est à un seul châssis ou battant, elle se ferme habituellement avec une *targette* ou un *tourniquet;* mais si elle est double, ce qui est le plus ordinaire, on la ferme avec une *espagnolette* ou une sorte de plat verrou nommé *crémone,* qui se

prolonge dans toute la hauteur du châssis, et le ferme
à la fois du haut et du bas, par un léger mouvement de
va-et-vient. Ce dernier moyen est très-solide, commode
et fort économique. Comme on a l'habitude, même à la
campagne, dans toutes les maisons aisées, d'entourer les
croisées de draperies intérieures, ce qui gênerait beaucoup l'ouverture de la croisée si les battants allaient
jusqu'en haut, on forme, ordinairement, des deux carreaux du haut, un châssis particulier nommé *imposte*,
qui reste fixé au dormant de la croisée, tandis que les
deux battants ne s'ouvrent qu'au-dessous de l'imposte.
Cette disposition est presque généralement adoptée ; cependant, quoique commode, elle n'est pas exempte d'inconvénient, attendu que l'air chaud s'accumule toujours
au-dessous du plafond et que, dès lors, la ventilation
opère difficilement le renouvellement de l'air dans toutes
les parties des appartements.

Il est facile d'éviter cet inconvénient par un moyen
aussi simple que commode, qui est généralement employé dans une partie de la Saxe, et qui consiste à rendre
mobile chaque carreau de l'imposte, lequel forme alors
une petite croisée supérieure indépendante de la partie
inférieure. Ces petits châssis, que l'on peut se borner à
entrebâiller pour ne pas déranger les draperies, entre-
tiennent dans les appartements une excellente ventilation qui n'a rien de désagréable, puisque les courants
d'air ne s'établissent que dans le haut de la pièce et au-
dessus de la tête des personnes qui s'y trouvent.

Nous avons également remarqué, dans le
même pays, une construction de croisée très-
solide, et que nous croyons pouvoir recommander principalement pour les constructions
légères, car elle est fort économique. Elle se
compose d'un châssis dormant, traversé, en
forme de croix, par un imposte A et un montant B (fig. 76) ; ce dormant très-solide par
sa construction, est fermé par quatre petits

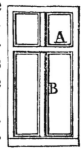

Fig. 76.

châssis montés à charnières et fermés seulement par un tourniquet. Ces petits châssis, maintenus des quatre côtés, n'ont aucune fatigue, ce qui permet de les faire très-légers. Tous ceux que nous avons eu occasion de voir étaient en bois de sapin.

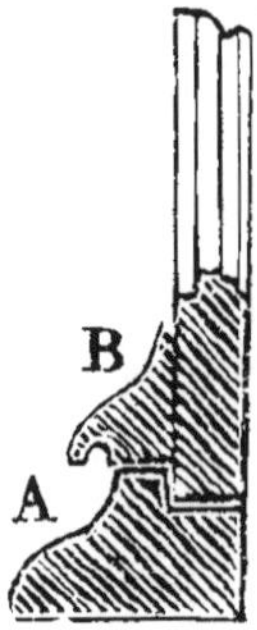

Dans tous les cas, la partie inférieure du dormant doit être garnie d'une pièce A (fig. 77), recouverte elle-même par une autre pièce à peu près semblable B, fixée à la partie inférieure du châssis mobile. Ces pièces, nommées toutes deux *jet d'eau*, servent à empêcher les eaux pluviales de pénétrer dans les appartements.

Fig. 77.

Quoique l'on doive toujours se servir de bois très-secs, anciennement débités, et ayant même passé un certain temps dans une place chaude et aérée, il est nécessaire, avant d'en faire usage pour la confection des portes et fenêtres, de les exposer quelques jours dans un endroit moins sec. En effet, dans les magasins, le bois a subi un retrait considérable, et, si on l'employait sans prendre cette précaution, il reprendrait, aussitôt qu'il serait en place, de l'humidité à l'air et gonflerait. On serait alors obligé de raboter les joints de chaque battant pour pouvoir les fermer. Si, au contraire, les bois ont été employés dans un état de dilatation qui approche de la moyenne, la menuiserie, posée seulement quand le bâtiment est bien sec, n'exigera des retailles que rarement, et encore seront-elles fort légères.

La menuiserie mobile comprend encore les *volets*, les *contrevents* et les *persiennes*. Les volets se placent dans l'intérieur des appartements, et les contrevents au dehors. Les volets doivent être brisés en deux ou trois parties, afin qu'on puisse les loger dans les embrasures, contre lesquelles ils doivent pouvoir s'appliquer parfaitement et sans effort. Il sera bon aussi de laisser subsister, entre le bas des volets et l'appui des croisées, un espace de 4 ou 5 centimètres, ou même plus, s'il est possible, afin de ne pas être obligé, chaque fois qu'on les ouvre ou les ferme, d'enlever jusqu'au moindre objet qui peut se trouver sur les appuis. Les contrevents sont des ventaux pleins, en planches de chêne de 3 à 3 1/2 centimètres d'épaisseur, ordinairement assemblés sur barres, et servant à garantir extérieurement les croisées. On doit les encastrer dans une feuillure un peu plus profonde que l'épaisseur du bois, pratiquée tout autour de la baie de la croisée, afin qu'il ne soit pas possible de les soulever.

Les *persiennes* sont des contrevents formés de planchettes assemblées obliquement dans un châssis composé de deux montants et de trois ou quatre traverses. Quelquefois ces planchettes sont mobiles, surtout dans les persiennes placées à hauteur de la vue, afin d'en rendre l'inclinaison plus ou moins forte. Dans ce dernier cas, elles doivent être munies d'un mécanisme qui permette de les arrêter à tel degré d'ouverture que l'on juge convenable. Il est également avantageux, lorsqu'on place, comme fermeture, des persiennes au rez-de-chaussée, d'en garnir intérieurement la partie inférieure d'une forte tôle de 0^m50 à 0^m60 au moins de hauteur, ou bien d'y appliquer un mode de fermeture un peu meilleur que les crochets habituellement employés, et qu'il est facile d'ouvrir du dehors en passant une tringle de fer à travers les lames ou planchettes.

La surveillance en fait de menuiserie est facile à exercer, car la fraude ne peut guère porter que sur la qualité et la force des bois. Il faudra donc toujours examiner très-attentivement les matériaux mis en œuvre, avant qu'ils aient été recouverts par la peinture, attendu qu'après son application, il est souvent difficile de distinguer les fentes et les gerçures, quand elles ont été mastiquées avec soin.

§ 14. — *Ferrure.*

Nous avons déjà jeté un coup d'œil sur ce qui se désigne ordinairement sous le nom de *gros fers*. En général, ces ouvrages ont peu de façon, et nous croyons pouvoir nous en tenir à ce que nous en avons dit en traitant des matériaux. Nous ajouterons seulement quelques observations concernant les ancres dont dépend, en grande partie, la solidité des bâtiments. Les ancres ordinaires se composent de deux pièces, dont l'une A (fig. 78), nommée *tirant*, se cloue sur la face latérale des poutres, chaînes ou solives d'ancrage, au moyen de 6 ou 8 forts clous, nommés clous de forge ou clous d'ancre, et l'autre, B, forme l'*ancre* proprement dite, nommée

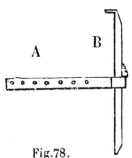

Fig. 78.

ancriau par les ouvriers. Cette dernière partie, qui se passe dans l'œil du tirant, est ordinairement droite, amincie des deux bouts, munie, à son milieu, d'un talon et, à son extrémité supérieure, d'un crampon destiné à la maintenir en place. Quelquefois elle est contournée en forme de lettre ou de chiffre. Les ancres, en général, n'exigent pas une grande force, mais elles doivent toujours être en bon fer, et le tirant assez long pour être très-solidement fixé aux poutres ou aux autres pièces.

Les ouvrages désignés sous le nom de *petits fers* comprennent particulièrement les pièces employées à la ferrure des portes et des fenêtres.

On trouve toutes ces pièces chez les marchands de fer et chez les quincailliers, où elles sont à bien meilleur compte et beaucoup mieux faites que celles que l'on pourrait obtenir en les commandant aux serruriers ordinaires. On peut citer, comme exemple, la plupart des ferrures de portes de granges, que l'on ne trouve pas encore dans le commerce, et qui sont ordinairement fort mal faites et beaucoup trop faibles. Nous pouvons à l'appui de ce que nous avançons invoquer l'opinion émise à cet égard par de Perthuis dans son *Traité des constructions rurales*.

« Lorsqu'on examine la ferrure des grandes portes d'une ferme, dit-il, on y voit des pentures qui, au moindre choc, sont faussées ou emportées. D'ailleurs, ces pentures, placées comme elles le sont ordinairement, font porter tout le poids de chaque ventail sur les gonds. Alors, ou les ventaux s'affaissent sous leur propre poids après avoir faussé leurs pentures, ou leur pesanteur dérange les gonds, presque toujours mal scellés dans les pierres des pilastres, et quelquefois ces pierres elles-mêmes. Les portes tombent; elles ne peuvent plus s'ouvrir ni se fermer, et elles sont continuellement en état de réparation. »

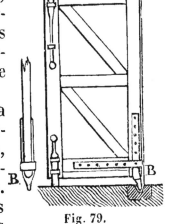

De Perthuis donne, pour toutes les portes de grandes dimensions, la description d'une ferrure parfaitement combinée, et que nous recommandons d'autant plus volontiers que chaque jour elle se répand davantage.

Le haut de chaque ventail de la porte est terminé du côté de la penture par un tourillon A (fig. 79), qui n'est autre chose que le prolongement du montant *charnier* (1). Ces deux tourillons s'engagent dans deux trous pratiqués à cet effet dans le poitrail qui forme le plafond de la porte.

Fig. 79.

Dans la partie inférieure, les montants charniers sont garnis de deux forts étriers en fer BB, terminés par des pivots qui reposent dans des crapaudines en fonte, encastrées ou scellées dans le seuil de la porte. Quelquefois l'étrier inférieur, au lieu d'un pivot, porte une crapaudine renversée, tandis que le pivot est fixé sur le seuil. Cette disposition a pour but d'empêcher les ordures de s'amasser dans la crapaudine.

Le reste de la ferrure de ces portes consiste en deux

(1) *Charnier*, celui qui porte les pentures ou charnières.

verroux à crampons, dont un de 0^{m}50 ferme le bas, et l'autre, beaucoup plus long, ferme le haut et est disposé de manière à pouvoir être arrêté par un cadenas, et, enfin, en une serrure de 0^{m}20 ou une bonne *cadenassière*.

Quand une porte à deux ventaux n'a pas de traverse supérieure, on est obligé d'avoir recours à une *barre* ou bascule (fig. 80) en fer, ou, le plus souvent, en bois.

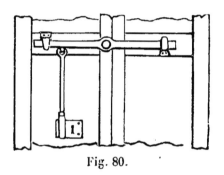

Fig. 80.

Cette fermeture est très-bonne à condition que le balancier soit assez long et d'une solidité suffisante; sa longueur doit être au moins des trois cinquièmes de la largeur de la porte. On peut encore obtenir une fermeture très-solide pour le ventail dormant, au moyen d'un grand crochet scellé dans le mur, à une distance suffisante de la porte pour qu'il forme avec celle-ci un angle d'environ 45°, mais cela n'est possible que quand la porte est pourvue de contre-forts, ou quand elle est placée près d'un mur d'équerre. S'il s'agit d'une porte charretière dont on doive fréquemment ouvrir les deux battants, on peut se servir d'une agrafe double, qui les accroche tous les deux, et que l'on peut fixer au moyen d'un cadenas (fig. 81).

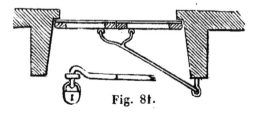

Fig. 81.

Telles sont à peu près les seules ferrures qui ne se trouvent pas dans le commerce; elles s'estiment au poids. Les autres, que l'on peut se procurer chez les quincailliers et les marchands de fer, comprennent :

Les *espagnolettes*, destinées à la fermeture des fenêtres dans les maisons de ville, mais peu employées à la campagne à cause de leur prix élevé. On doit toujours les choisir très-solides. Elles se vendent avec tous leurs accessoires, et sont divisées suivant leur longueur, ce qui permet au serrurier de les approprier aux dimensions des fenêtres. Il y en a à poignées pleines et à poignées évidées ou façonnées.

Les *serrures* dont la forme et la qualité varient à l'infini. Il y a les *serrures à broches* dont la clef est forée, et les serrures *benardes* dont la clef pleine ouvre la porte des deux côtés. On les distingue aussi, eu égard au mécanisme, en serrures à *un tour*, à *un tour et demi*, à *double tour*, à *bouton double*, à *verrou de sûreté* et à *bec de canne*. Nous ne pouvons nous occuper ici que des serrures des portes.

On ne doit jamais acheter que des serrures de bonne qualité, et plutôt trop fortes que faibles, car elles fatiguent beaucoup, et quand elles sont une fois détraquées, aucune réparation ne peut les rendre bonnes. Les serrures à bas prix se vendent avec une seule clef, mais les bonnes, dites de sûreté, en ont toujours deux. Quand on achète une serrure, et surtout une de ces dernières, il faut s'assurer que la garniture est complète, c'est-à-dire, qu'il ne manque aucune des pièces intérieures destinées à entrer dans les découpures de la clef et à empêcher l'introduction des clefs étrangères. Cette vérification est facile dans les bonnes serrures, parce que le fond est monté à vis. Dans le cas où une seconde clef est nécessaire, si l'on ne peut l'avoir en fabrique, on ne doit charger de ce travail qu'un ouvrier de confiance, non par crainte d'infidélité, mais par la raison que beaucoup de serruriers ne prennent pas la peine ou sont incapables de découper exactement la clef, et se permettent d'enlever tout ou partie de la garniture. Une serrure ainsi mutilée n'a plus aucune valeur, et peut s'ouvrir avec un clou tordu.

Les *verrous* sont *simples*, à *ressort* ou à *coulisse*, et se divisent, suivant leur fini, en *verrous ordinaires* et en *verrous polis*. Les plus simples se fixent sur le bois même au moyen de deux crampons à pointes qui traversent l'épaisseur de la porte et sont solidement rivés sur la face opposée. Les verrous les plus soignés sont montés sur une plaque en fer et se fixent avec des vis. On les nomme *targettes*.

Fig. 82.

Les verrous forment une fermeture très-solide, mais facile à ouvrir de l'extérieur au moyen d'un fort fil de fer courbé en croissant, que l'on introduit par un trou de vrille; c'est, pour ce motif, qu'il est bon d'y adapter des crochets d'arrêt dans le genre de celui représenté par la figure 82.

Nous n'avons rien à dire relativement aux autres ferrures qui consistent en *pentures*, *pommelles*, *charnières*, *fiches*, *équerres simples* en forme de L, *doubles* en forme de T, *crochets*, *boutons*, etc., etc., si ce n'est qu'elles doivent être très-solides et de bonne qualité. Quant aux ouvrages classés dans les devis sous le titre de *fers ouvragés*, ils ne s'exécutent que sur commande, et se payent toujours au poids, moyennant un prix convenu d'avance. Ils comprennent les grilles, les balcons, les rampes d'escaliers, etc.

La fonte joue aussi un rôle important dans la confection de ces ouvrages, dont nous ne pouvons nous occuper dans ce traité. Cependant il en est un, moins connu que les autres, et dont nous allons, vu son importance, donner l'explication : c'est le *paratonnerre*.

Le *paratonnerre* se compose d'une tige métallique

pointue, qui s'élève dans les airs et est munie, à son extrémité inférieure, d'un fil conducteur qui descend jusqu'au sol. Dans l'installation d'un paratonnerre, il est quelques règles qui doivent être rigoureusement observées; il faut : 1° que l'extrémité supérieure de la tige présente une pointe toujours bien aiguë; 2° que le conducteur soit en contact parfait avec le sol dans lequel il doit même pénétrer assez profondément; 3° qu'il n'y ait, de la pointe du paratonnerre à l'extrémité du conducteur, aucune solution de continuité. L'inobservance de ces conditions peut entraîner de très-grands dangers.

Si la pointe était émoussée ou même cassée, le tonnerre, au lieu d'être soutiré par elle, frappera la tige qu'il pourra détruire en partie, mais, en général, suivra le conducteur sans causer d'autre dommage. Mais si le conducteur offre des solutions de continuité, ou s'il ne communique pas convenablement avec le sol, le fluide électrique se portera latéralement sur tous les conducteurs voisins, et peut alors occasionner autant de dégâts que si le paratonnerre n'existait pas. Au surplus, un paratonnerre, entaché de semblables défauts, est extrêmement dangereux, alors même que la foudre ne tombe pas, attendu qu'il peut, en se chargeant de l'électricité atmosphérique, produire des étincelles assez fortes pour enflammer et même foudroyer. C'est ainsi qu'en 1753, Richmann, de l'Académie de Saint-Pétersbourg, assistant en France à des expériences électriques, fut tué par une étincelle, partie du conducteur d'un paratonnerre dont on avait interrompu la communication avec le sol pour étudier l'électricité des nuages.

La *tige* d'un paratonnerre destiné à protéger un bâtiment de quelque importance, doit avoir environ 9^{m}00 de hauteur. Elle se compose de trois pièces assemblées bout à bout; elle comprend une barre de fer A, légèrement conique, de 8^{m}30 de long sur 0^{m}05 à 8^{m}06 de diamètre à sa base, une tringle de laiton B de 0^{m}60, assemblée à vis à l'extrémité de la tige de fer, enfin la pointe C, qui est une

aiguille de platine de quelques centimètres de long, très-
aiguë et fixée au bout de la tringle de cuivre par un petit
manchon du même métal. Ces trois pièces
sont représentées fig. 83. Le bas de la tige
est ordinairement terminé par un enfour-
chement qui embrasse le faîtage et même
une partie du poinçon et des arbalétriers.

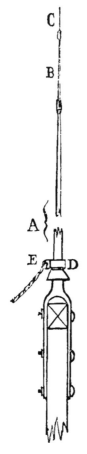

Fig. 83.

Dans tous les cas, quand on pose un paratonnerre, on doit lui donner de la solidité
et empêcher l'eau de s'infiltrer le long de la
tige. Il n'y a aucune précaution à prendre
relativement aux effets de l'électricité. Au
bas de la tige, à 0^{m}08 au-dessus du toit, on
soude une embase D, destinée à rejeter l'eau,
et au-dessus de cette embase, dans une longueur de 0^{m}06, on lime ou rôde parfaitement la tige pour recevoir un collier E, brisé
à charnière, qui doit unir la tige au conducteur.

Le conducteur est une barre de fer carrée
de 0^{m}02 de côté, fixée au collier E, et qui
descend jusque dans le sol sans aucune interruption. Aujourd'hui, on remplace avantageusement ces conducteurs par un câble
en fil de fer.

Pour que le poids du conducteur ne nuise
pas à la couverture, on le soutient par des
pattes, espacées de 2 ou 3 mètres et longues
de 0^{m}15 ; à la corniche, on le courbe de
manière à ce qu'il en prenne le contour sans le toucher,
puis on le fixe contre le mur et jusqu'au niveau du sol,
au moyen de crampons. La communication du conducteur avec le sol doit être établie avec le plus grand soin,
car l'efficacité du paratonnerre en dépend.

Si l'on a à sa disposition un puits qui ne tarisse jamais, ou si, avec la sonde, on peut atteindre une couche
d'eau permanente, il suffira d'y faire plonger le conduc-

teur, en prenant la précaution de le diviser en branches comme les racines d'un arbre, afin de multiplier les points de contact, que l'on peut encore augmenter en faisant courir le conducteur dans des tranchées souterraines remplies de braise de four, avant de le faire descendre dans le puits. Si l'on ne peut disposer d'un réservoir d'eau, il faut alors chercher un endroit humide à proximité, et y diriger le conducteur par une longue tranchée dans laquelle il sera enveloppé de braises. On pourra même, pour plus de sécurité, ouvrir des tranchées perpendiculaires à la première, plus ou moins longues, et y faire passer des ramifications du conducteur principal. Dans tous les cas, la longueur de la partie du conducteur en contact avec la terre humide ne devra jamais être moindre de 7 à 8 mètres.

D'après les calculs des physiciens, un paratonnerre peut garantir des atteintes de la foudre, un espace circulaire d'un diamètre double de sa hauteur. D'après cela on voit que, pour être de quelque utilité, il doit avoir tout au moins 4 ou 5 mètres.

Il ne paraît pas y avoir d'inconvénient à faire servir un paratonnerre de tige à une girouette, si, du moins, cette girouette est fort légère et ne donne pas trop de prise au vent; sinon il pourrait en résulter des ébranlements capables, à la longue, de déranger les assemblages.

La prudence exige encore que les paratonnerres, et leurs conducteurs surtout, soient scrupuleusement visités, au moins une fois par an.

Observation. — Nous terminerons ce paragraphe, consacré à la ferrure, en conseillant de substituer le soufre au plomb habituellement employé pour les scellements. Usité depuis longtemps à Paris et en beaucoup d'endroits, il donne beaucoup plus de fermeté que le plomb et ne se relâche jamais. Sa durée est infinie, tandis que le plomb, beaucoup trop mou pour cet usage, a besoin d'être rebattu à chaque instant. Le soufre du reste coûte moins que le plomb.

§ 15. — *Vitrerie.*

La vitrerie comprend tout ce qui a rapport à la coupe et à la pose du verre à vitre.

La pose du verre se fait de trois manières différentes : 1° sur plomb ; 2° sur châssis de bois ou de métal ; 3° à coulisse, en faisant glisser la feuille de verre dans des rainures, comme cela se pratique ordinairement pour les *vasistas*, les lanternes, etc.

Pour vitrer sur plomb, méthode presque abandonnée aujourd'hui, on se sert de tringles de plomb étirées au laminoir, dont la section offre à peu près la figure d'un **H** renversé (**⌶**), entre les jambages duquel le verre est maintenu.

Ces tringles sont assemblées au moyen de la soudure, de manière à former des carreaux (fig. 84) ou des compartiments de tout autre figure, comme losanges,

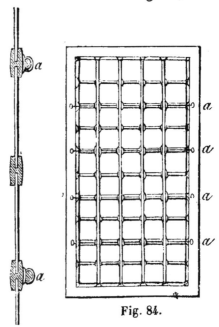

Fig. 84.

triangles, hexagones, et mêmes des mosaïques fort compliquées. Leur ensemble, formant panneau, doit être for-

ifié par des barrettes de fer *a*, attachées au panneau
ar des liens en plomb, et clouées ou vissées sur les
ords du châssis de bois ou de fer qui lui sert d'encadrement.

Ce procédé était fort employé quand le verre était
un prix très-élevé, car le remplacement d'un carreau
e petite dimension était moins dispendieux. On voit
ncore, dans quelques anciennes constructions, des spé-
imens réellement curieux de ce genre de vitrage.

La vitrerie sur châssis, presque uniquement employée
ujourd'hui, est fort simple; elle consiste à découper le
erre suivant la forme des compartiments du châssis, de
manière à remplir exactement, mais sans forcer, la feuil-
ure (fig. 85) destinée à le recevoir. Quand le verre est
lacé, on l'arrête avec quelques petites pointes sans tête,
dites *pointes de vitrier*, et l'on achève de le fixer en formant tout autour un biseau de mastic.

Fig. 85.   Fig. 86.

Les carreaux des lanternaux qui servent à éclairer les
cages d'escaliers, ainsi que ceux qui forment la couverture des serres et des bâches de jardin, se placent à recouvrement, les uns sur les autres, comme les ardoises
d'un toit, et ils sont maintenus en place au moyen d'agrafes
en plomb ou en cuivre (fig. 86). Afin de ramener vers
le milieu l'égouttement des eaux, on taille leur partie inférieure en pointe obtuse. On empêche ainsi les filets
d'eau de se former le long des tringles du châssis, ce qui
en compromettrait la durée, lors même qu'elles seraient

en métal. On prétend aussi que cette coupe les empêche d'être aussi facilement soulevées par le vent. Ces derniers ouvrages exigent l'emploi du verre double.

On fait maintenant beaucoup de châssis, soit tout en zinc ou en fonte, soit en fer et en bois. En pareil cas, il est impossible d'arrêter les vitres avec des pointes, et il est nécessaire de faire usage d'un mastic rendu plus siccatif, soit en le préparant avec une huile lithargirée, soit en y incorporant une certaine quantité de céruse ou de minium.

Dans certaines localités éloignées des villes, on peut être obligé de remplacer soi-même des vitres cassées. Cela n'est pas bien difficile : avec un diamant de vitrier, que l'on peut avoir neuf pour 8 ou 10 francs, ou d'occasion pour 5 ou 6 francs, et un peu d'exercice, on parviendra aisément à couper le verre. On doit pour cela le poser sur une table bien unie, y tenir ferme, sans trop appuyer, une règle très-flexible, et faire glisser le diamant le long de cette règle en le tenant bien d'aplomb. Le degré de force avec lequel on doit appuyer sur le diamant ne peut pas être indiqué. On doit d'abord le tourner de manière à ce que le côté revêtu de fer de la petite masse en forme de marteau qui termine la monture, soit bien appliqué contre la règle, puis le faire glisser sur le verre en le ramenant vers soi, et en appuyant jusqu'à ce qu'il produise une sorte de petit sifflement sonore et très-aigu. Le trait doit être excessivement fin et laisser voir le verre éclaté dans une partie notable de son épaisseur. Dans cet état, le moindre effort sépare la partie coupée ; mais si le diamant a été mal placé, si l'on a trop appuyé ou si on l'a mal tenu, le bruit produit sera plus fort, plus rude, il ressemblera en quelque sorte au bruit d'une lime ou d'une scie ; le trait obtenu sera plus large, sans profondeur, le verre n'aura été que gratté et ne se séparera pas à l'endroit voulu. C'est ce que les vitriers appellent une coupe blanche.

§ 16. — *Peinture.*

La peinture a pour but de soustraire les murs, les boiseries ou les ferrures, à l'action destructive des intempéries atmosphériques et de leur donner un aspect plus agréable. La peinture à l'huile est la seule qui puisse convenablement remplir ce double but. La peinture en détrempe ou à la colle ne peut s'employer qu'à l'intérieur, encore n'y est-elle que d'un fort mauvais usage, car elle manque de solidité et se salit trop facilement.

Les couleurs à l'huile sont généralement broyées à l'huile de lin. Elles sont, de leur nature, plus ou moins siccatives, et celles qui le sont le moins sont étendues d'huile de lin que l'on a fait bouillir dans de la litharge (oxyde de plomb). Les premières couches de peinture doivent toujours être données sur le bois, avec de la céruse ou blanc de plomb. On emploie aussi le blanc de zinc, mais, quoi qu'en disent les marchands et leurs réclames, il couvre fort peu; et sur les métaux, avec du minium, par la raison que ce sont de toutes les couleurs les plus siccatives, et, conséquemment, celles qui offrent le plus de dureté et d'adhérence. On est assez généralement dans l'habitude, avant de donner la première couche de peinture à l'huile aux menuiseries de bois neuf, de leur appliquer une couche de colle. Ce collage est donné dans le but d'obtenir une peinture plus égale; mais il n'est nullement recommandable, car il empêche l'huile de pénétrer dans le bois, ce qui cependant fait la solidité de la peinture. Aussi est-il préférable de donner la première couche avec une couleur très-siccative, abondamment étendue d'huile, sur le bois parfaitement sec, et par un temps chaud, afin que le bois puisse en absorber le plus possible.

La menuiserie neuve exige trois couches de peinture. Chacune de ces couches ne doit s'appliquer que quand celle qui la précède est parfaitement sèche. La première sera riche en huile, mais les autres doivent être aussi épaisses que possible, pour pouvoir s'étendre convenablement.

C'est après la première couche, et quand elle est bien sèche, que l'on doit procéder au *mastiquage*, opération qui consiste à boucher soigneusement, avec du mastic de vitrier, toutes les fentes, les joints, gerçures, trous, qui peuvent se trouver dans le bois. Cette opération doit toujours se répéter avec soin chaque fois que l'on repeint les vieilles menuiseries.

En général, la seconde couche seulement commence à donner la nuance décidée. Afin de pouvoir rendre les deux dernières couches plus riches en couleur, on ajoute habituellement une quantité d'essence de térébenthine qui varie dans la proportion d'un tiers à un cinquième de l'huile employée, sauf cependant pour les peintures des croisées, persiennes, contrevents, treillages, etc., exposés au grand air et aux rayons solaires; dans ces derniers cas, il faut réduire à un huitième la quantité d'essence, ou même la supprimer complétement.

La peinture à l'huile ne doit s'appliquer que sur des corps bien secs; en temps de pluie ou de brouillard, on ne peut faire que de très-mauvais ouvrages: d'abord, la couleur ne prend que difficilement, puis elle se détache par feuillets ou se couvre de cloches sous l'action des rayons solaires.

Il arrive parfois qu'en peignant à l'huile des corps absorbants, tels que vases en terre cuite, certaines pierres, de vieux plâtres, etc., l'huile est si complétement absorbée que la couleur reste à leur surface en poussière non adhérente. On prévient cet inconvénient en abreuvant ces objets d'huile de lin jusqu'à refus. Cette précaution donne à la peinture toute la solidité désirable.

Certaines couleurs broyées à l'huile et même délayées à l'essence pure, ne sèchent que très-difficilement; tels sont les noirs, les laques, le bleu de Prusse, la terre de Sienne calcinée, etc.; on facilite leur dessiccation en y ajoutant, soit de la litharge ou du sulfate de zinc, soit plus habituellement de l'huile lithargirée, dite *huile siccative.* Les couleurs les moins siccatives demandent ordinairement un seizième de leur poids de litharge, un dixième de sulfate de zinc ou un huitième d'huile siccative. Lorsqu'on veut une dessication forcée, on peut employer uniquement l'huile siccative, étendue d'assez d'essence de térébenthine pour rendre la couleur suffisamment coulante.

Voici maintenant la composition des teintes les plus habituellement employées dans la peinture en bâtiments :

Gris perle, blanc de céruse, noir de vigne ou de braise, une pointe de bleu de Prusse.

Gris de lin, blanc, laque, bleu de Prusse.

Gris commun, blanc, noir d'ivoire.

Chamois, blanc, jaune de Naples, une pointe de vermillon.

Citron, blanc, stil de grain de Troyes, une pointe d'orpin jaune.

Jaune d'or, jaune de Naples, blanc, ocre jaune, un peu d'orpin rouge ou bien jaune de chrôme et une pointe de vermillon.

Bleu tendre,
Bleu céleste, } outre-mer, guimet ou bleu de Prusse et blanc (1).

Bleu foncé,
Bleu de roi, } bleu de Prusse et blanc.

Violet, bleu de Prusse, laque et blanc en différentes proportions.

Vert d'eau, blanc de céruse et vert-de-gris.

Vert de treillages, deux tiers de céruse, un tiers vert-de-gris.

Vert-pomme, vert-de-gris, bleu de Prusse et jaune de Naples.

Vert brillant, vert de Scheele, vert très-brillant, mais peu solide, composé d'arsenic et de cuivre ; il est telle-

(1) L'outre-mer a le défaut de paraître noir à la lumière.

ment dangereux que nous conseillons de ne jamais l'employer.

Rose, blanc, carmin ou vermillon.

Lilas, blanc, laque, un peu d'outre-mer.

Cramoisi, laque, un peu de blanc.

Rouge brique, ocre rouge.

Marron, ocre rouge ou colcotar, ocre de ru, noir d'ivoire.

Olive, ocre jaune, noir d'ivoire, vert-de-gris.

Ardoise, blanc, noir, un peu de bleu de Prusse.

Ces nuances, variées selon les proportions des différentes couleurs qui entrent dans leurs combinaisons, donneront un assortiment plus que suffisant à tous ceux qui voudraient s'occuper eux-mêmes de leurs peintures.

Comme, en général, le blanc forme la base de toutes les couleurs, et que la céruse seule peut donner à l'huile un blanc de bonne qualité, il est très-important de veiller à ce qu'elle soit exempte de falsification. Or, fort souvent, elle est mélangée à une quantité plus ou moins forte de blanc d'Espagne ou blanc de craie, qui en diminue considérablement la valeur et la qualité. En cas de contestations importantes, on pourrait recourir à l'analyse chimique ; mais ce moyen est inapplicable pour les besoins usuels, et l'on peut s'assurer de la pureté du produit en recherchant les caractères suivants :

Quand on mouille la céruse en morceaux, elle ne happe pas l'eau comme le blanc de craie et ne change pas de couleur, tandis que ce dernier prend une teinte d'un gris terne, qu'il ne perd que lorsqu'il est sec. La céruse est aussi beaucoup plus pesante que le blanc de craie. Enfin, on remarque, mais malheureusement trop tard, que tous les tons gris obtenus avec de la céruse frelatée, noircissent très-rapidement et deviennent presque transparents, tandis qu'ils ne changent pas sensiblement quand on fait usage de la matière pure. Avec un peu d'habitude, on peut encore reconnaître la présence du blanc de craie, car, arrivé à un certain degré de dessiccation, qui, d'ailleurs, est alors plus lente en général, on peut l'enlever en ruban sous le frottement du doigt.

La peinture à la détrempe, ne possédant aucune propriété conservatrice, ne peut servir que comme embellissement; aussi ne l'emploie-t-on guère que pour les plafonds, et parfois pour les murailles des chambres que l'on ne veut pas tapisser. Dans la peinture en détrempe, les couleurs sont broyées à l'eau et délayées dans une très-légère solution de colle de peau, dite *colle au baquet*. Mais, habituellement, on supplée à la détrempe par une autre peinture beaucoup plus économique, composée simplement d'un lait de chaux, coloré par quelques couleurs à bas prix, telles que le tournesol, les ocres, etc.

Quand on fait usage de la détrempe, on doit avoir soin de mettre plus de colle pour la première couche de peinture que pour la suivante, et moins encore pour la troisième que pour la seconde. Si l'on négligeait cette précaution, la couleur s'écaillerait en séchant.

Dans le cas où l'on repeint, il faut toujours avoir soin de gratter toutes les parties de vieilles couleurs qui ne sont plus parfaitement adhérentes. Si les écailles enlevées occasionnaient des inégalités trop saillantes, on pourrait, avant de repeindre, les faire disparaître, ou, tout au moins, les adoucir avec du papier verré.

Il convient aussi de ne repeindre dans les feuillures des croisées, que quand la couleur y est complétement usée. Les ouvriers qui ne connaissent pas bien leur métier, ont assez fréquemment la mauvaise habitude de les abreuver de couleur chaque fois qu'ils repeignent, et comme cette couleur, qui n'est que très-rarement exposée aux intempéries, ne s'absorbe pas, elle finit, au bout de quelque temps, par former une couche tellement épaisse, que l'on ne parvient plus à fermer les croisées qu'en forçant leurs ferrures. Les croisées doivent se peindre fermées.

A plusieurs reprises, on a beaucoup vanté diverses compositions de peintures, dites économiques, mais, jusqu'à présent, il n'existe de peinture vraiment préservatrice que la peinture à l'huile. Toutes les autres coûtent plus cher que le badigeon ou peinture à la chaux, et ne valent pas mieux. Les meilleures sont encore celles à la bière et au petit-lait, que l'on prépare en délayant dans ces liquides des couleurs broyées à l'eau.

Quant à la peinture aux pommes de terre, que l'on a également recommandée, voici, d'après un ouvrage récent, comment elle s'obtient :

« On prend une livre de pommes de terre pelées et bien pétries ; on les mêle dans trois ou quatre pintes d'eau bouillante ; on y ajoute deux livres de chaux en poudre délayée préalablement dans quatre pintes d'eau ; on remue le tout ensemble et on passe cette composition à travers un tamis de crin ; on peut lui donner la teinte que l'on désire au moyen d'autres couleurs. »

Nous sommes fortement tenté de considérer ce procédé comme une mystification.

§ 17. — *Cheminées, fourneaux, etc.*

Il est peu de personnes qui n'aient eu, nombre de fois, à souffrir de la fumée répandue dans les appartements par suite d'un vice de construction dans les cheminées. Malgré cela, on néglige fort souvent, quand on bâtit, les précautions nécessaires pour prévenir ce fâcheux inconvénient. Habituellement, ce n'est qu'après en avoir souffert que l'on cherche à y remédier, alors que l'on ne peut plus s'y soustraire d'une façon certaine, en établissant les cheminées dans de bonnes conditions.

Ce sujet mérite une grande attention, et nous ne saurions mieux faire que de consigner ici, en grande partie du moins, les observations que M. de Perthuis consacre à cet objet dans son *Traité des Constructions rurales,* ouvrage auquel nous avons, d'ailleurs, emprunté d'autres renseignements précieux.

On peut déjà regarder comme une amélioration notable l'abandon presque général de ces grands foyers dans lesquels le feu, placé au niveau du sol, vous grillait le visage sans chauffer l'appartement, et dont M. Roard, le continuateur des œuvres de Rozier, disait avec tant de raison que si l'on avait posé ce problème : *Trouver une construction* (de cheminée) *telle, qu'avec la plus grande quantité de bois on eût le moins de chaleur possible,* nos anciennes cheminées en auraient fourni la solution.

Parmi les causes nombreuses qui font fumer les cheminées, les unes sont intérieures et tiennent à leur mauvaise position dans les appartements, ou à la mauvaise construction de leurs différentes parties, tandis que les autres, purement accidentelles et extérieures, sont pour ainsi dire indépendantes des premières.

D'après Franklin, les causes qui font fumer les cheminées sont au nombre de neuf. Voici ces causes, ainsi que les remèdes à y apporter :

1° Les cheminées ne fument souvent que par manque d'air. Il est donc impossible de faire bien tirer une cheminée, lorsque la chambre est tellement close que l'air extérieur n'y peut pénétrer.

Quand vous remarquerez que l'ouverture d'une croisée fait rentrer la fumée dans la cheminée et produit un bon tirage, vous pouvez être certain que la cheminée ne fume que par défaut d'aérage. Si vous voulez mesurer la quantité d'air nécessaire au tirage, fermez la porte par degrés, pendant qu'on entretient un feu modéré, jusqu'à ce que vous aperceviez que la fumée commence à sortir dans la chambre ; augmentez alors un peu l'ouverture et mesurez en la surface. Il reste alors à décider comment cette quantité d'air sera introduite dans la pièce, de manière à gêner le moins ceux qui l'occupent. Nous saurons que c'est par la partie supérieure de l'appartement que nous devons l'admettre, si nous nous rappelons que l'air chaud forme toujours les couches supérieures de l'atmosphère confinée dans nos logements, et que, d'un autre côté, c'est en passant par-dessus notre tête que l'air amené du dehors sera le moins incommode pour nous.

2° Une autre raison, pour laquelle les cheminées peuvent fumer, c'est leur trop grande embouchure ; le remède est alors facile, puisqu'il suffit de diminuer celle-ci.

3° En troisième lieu, un tuyau d'ascension peut être trop court, ce qui arrive fréquemment quand on construit une cheminée dans un bâtiment peu élevé. On est alors obligé, si l'on ne peut exhausser le tuyau convenablement, de rétrécir l'embouchure de la cheminée. De cette manière, l'air aspiré, devant passer très-près du feu, s'échauffe davantage et, conséquemment, s'élève plus facilement et plus vite dans la cheminée.

4° Une quatrième cause, très-ordinaire, pour laquelle les cheminées fument, c'est l'existence de deux foyers dans la même pièce ou dans des pièces contiguës. Ainsi, par exemple, s'il y a deux cheminées dans une grande chambre et que l'on fasse du feu dans toutes deux, les portes et fenêtres étant bien fermées, on remarquera que le feu le plus fort attirera l'air dans son tuyau et formera dans l'appartement un vide partiel, qui, souvent, sera assez fort pour déterminer un courant descendant dans l'autre cheminée, et pour ramener ainsi la fumée dans l'intérieur de la place. L'effet sera le même, si la différence de tirage des deux cheminées est occasionné par leurs constructions différentes. Si, au lieu d'être dans la même chambre, ces cheminées sont dans deux pièces communiquant ensemble par une porte, l'inconvénient subsistera aussi longtemps que la porte restera ouverte. En pareil cas, le remède est facile ; il suffit d'assurer à chaque chambre la quantité d'air nécessaire à son foyer, et de tenir, au besoin, la porte de communication fermée.

5° Les cheminées fument encore, quand le sommet de leur tuyau est dominé par des édifices ou par des éminences. Le vent, après avoir dépassé ces éminences, change de direction et tombe quelquefois presque verticalement sur les cheminées situées sur son trajet, comme l'eau qui franchit une digue, et refoule naturellement la fumée dans les appartements (fig. 87). Ce cas est grave, et il est difficile de remédier complétement au mal; tout

Fig. 87.

ce que l'on peut faire, c'est d'appliquer au sommet des cheminées quelques-uns des appareils fumifuges représentés dans les figures 88 à 93.

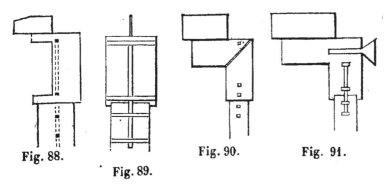

Fig. 88.   Fig. 90.   Fig. 91.

Fig. 89.

Quoique ce moyen ne donne pas constamment des résultats satisfaisants, il procure cependant une amélioration sensible. Le seul procédé vraiment efficace consiste à monter, quand cela est possible, le tuyau jusqu'au-dessus de l'éminence qui le domine.

6° Une sixième cause, analogue à la précédente, se

manifeste quand le vent souffle du côté opposé, c'est-à-
dire contre l'éminence. Le vent, arrêté dans sa course,
est refoulé vers le bas, s'engouffre dans la cheminée et
pousse la fumée vers l'âtre. On ne peut y remédier qu'en
élevant le tuyau au-dessus de l'éminence.

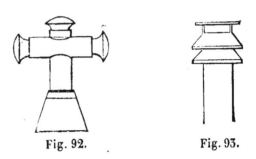

Fig. 92.   Fig. 93.

7° La septième cause provient de la mauvaise situation de la porte. Quand celle-ci et la cheminée sont du
même côté de la chambre, si la porte, étant dans le coin,
s'ouvre contre le mur, il s'ensuit que lorsqu'elle n'est
qu'entr'ouverte, le courant d'air s'établit le long du mur
de la cheminée et, en passant, entraîne une partie de la
fumée dans la chambre. En pareil cas, le remède saute
aux yeux; il suffit de changer les pentures de la porte
pour la faire battre de l'autre côté, ou même parfois de
faire usage d'un simple paravent.

8° La huitième cause se fait sentir dans les chambres
où l'on ne fait pas de feu, et qui se trouvent parfois remplies de fumée descendue par leur cheminée, et provenant de celles du voisinage. Le remède à cet inconvénient
est de fermer hermétiquement la cheminée quand on ne
s'en sert pas.

9° Enfin, la neuvième cause qui fait quelquefois fumer
une cheminée tirant habituellement fort bien, est due à
un vent violent passant sur le sommet du tuyau. Cet inconvénient est d'autant plus fréquent que le tuyau est
plus court, et son ouverture plus grande. On l'évite en
plaçant sur la cheminée un des appareils représentés
dans les figures 88 à 93.

Deux choses doivent principalement être observées dans la construction d'une cheminée : sa position et ses dimensions.

La position que doit occuper une cheminée n'est nullement indifférente. Elle doit être, autant que possible, placée à l'endroit où elle chauffera le mieux l'appartement sans nuire à la décoration. On doit surtout éviter de l'établir en face de la porte d'entrée, sinon, chaque fois que l'on ouvrira ou que l'on fermera celle-ci, l'ébranlement causé à la colonne d'air de la cheminée chassera une bouffée de fumée dans l'appartement.

Si l'on construit des cheminées dans deux chambres communiquant ensemble par une ou plusieurs portes habituellement ouvertes, il vaut mieux les adosser sur le mur de refend que de les placer en regard ou dans le même sens ; car, quand on fait du feu dans les deux simultanément, la cheminée la plus petite ou celle qui a le moins de feu, fume ordinairement par le motif mentionné ci-dessus.

Longtemps on a cru que les cheminées dont les tuyaux s'élèvent verticalement sont les meilleures, et l'on considérait cette disposition comme indispensable ; mais on sait aujourd'hui que les tuyaux peuvent se *dévoyer* sans aucun inconvénient, et cela facilite beaucoup le placement des foyers.

Une cheminée est composée de deux parties principales, le foyer et le tuyau.

Les dimensions du foyer doivent être proportionnées à la grandeur de l'appartement ; car il est tout aussi défectueux de construire une grande cheminée dans un petit appartement que de donner une petite cheminée à un grand. Dans le premier cas, c'est une dépense superflue, et, dans le second, la cheminée ne pourrait pas échauffer suffisamment l'appartement.

Autrefois, la forme des foyers exigeait des précautions ; mais, depuis l'usage des foyers mobiles, tels que poêles, cheminées prussiennes, dites feux ouverts, cui-

sinières de divers genres, leur construction s'est considérablement simplifiée. Le volume de la fumée étant
considérablement diminué parsuite d'une meilleure combustion, on peut faire les conduits de moindre dimension,
ce qui permet de les embrever complétement dans l'épaisseur des murs ; on les construit maintenant très-avantageusement en briques spéciales dont la figure 94 donne
la disposition.

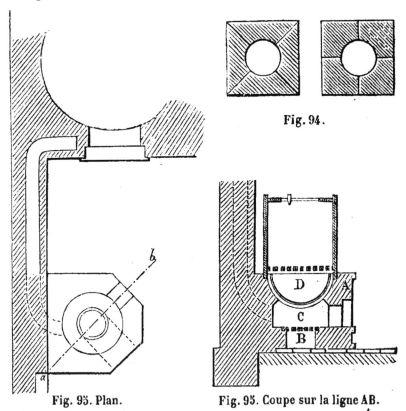

Fig. 94.

Fig. 95. Plan.　　　　Fig. 95. Coupe sur la ligne AB.

Pour faire le pain, lessiver le linge, échauder les ustensiles de la laiterie et préparer les buvées des bestiaux,
il faut toujours une grande quantité d'eau chaude qu'il
est bon de pouvoir se procurer ailleurs que dans la cuisine. On peut, dans ce but, établir dans le fournil, à l'endroit le plus commode, le fourneau économique, représenté figure 95.

Il consiste :

1° En une masse de maçonnerie A, de 1ᵐ10 de base sur 0ᵐ75 de hauteur, placée près de la cheminée. On l'adosse au mur de refend dans lequel la cheminée est construite, afin que le conduit de la fumée de ce fourneau puisse être placé dans l'épaisseur du mur, et que le massif du fourneau n'ait plus alors qu'un mètre de saillie dans la pièce.

2° En un cendrier B, ménagé dans l'intérieur du massif et prenant naissance au niveau même du carrelage de la pièce. On lui donne ordinairement 0ᵐ18 de diamètre et autant d'élévation. Son entrée doit être de même hauteur et de même largeur que le cendrier, afin que l'on puisse facilement le nettoyer. On place ensuite à la partie supérieure du cendrier une grille en fer, qui sert de base au foyer.

3° En un foyer circulaire C, d'un diamètre égal à celui de la chaudière et dont l'axe est le prolongement de celui du cendrier. Il est nécessaire de faire observer ici que la plus petite épaisseur que l'on puisse donner à la maçonnerie qui forme l'enveloppe du foyer est de 0ᵐ22, afin qu'il conserve plus longtemps la chaleur acquise. Ainsi, en supposant à la chaudière un diamètre de 0ᵐ80, la base du massif devra avoir 1ᵐ20 de longueur. Lorsque la *tour* du foyer est élevée de la hauteur d'environ 0ᵐ22, on en diminue peu à peu le diamètre en forme de voûte, et de manière à embrasser étroitement le fond de la chaudière qui lui tient lieu de clef.

4° Dans la chaudière de fonte D, qui est maintenue par un cercle de fer scellé dans la partie supérieure de la maçonnerie, et à une élévation suffisante pour que sa partie supérieure offre une saillie de 0ᵐ15 au-dessus du couronnement du fourneau.

5° Enfin, dans un conduit de fumée qui doit avoir au plus 0ᵐ12 de côté, et être placé dans la paroi du foyer qui est opposée à son entrée.

La saillie supérieure de la chaudière dont nous venons

de parler, sert, lorsqu'on veut cuire à la vapeur des légumes, des racines ou toutes autres substances alimen-
taires, à luter un tonneau, ou mieux une sorte de caisse
en fer-blanc E, dont le fond est percé d'un nombre de
trous suffisant pour livrer passage à la vapeur. Pour faire
usage de cet appareil, il suffit de mettre un peu d'eau
dans la chaudière, puis de luter sur celle-ci le tonneau
contenant les légumes, qui, à son tour, sera clos par un
couvercle fermant hermétiquement, mais dans lequel on
devra ménager un trou bouché par une broche légèrement
posée.

Lorsqu'on veut construire un fourneau durable, la
partie intérieure du foyer doit toujours être en briques
réfractaires, posées au mortier d'argile, le seul qui résiste
à une température élevée. Lorsque la hauteur de la chaudière sera suffisante, on économisera beaucoup de calo-
rique en disposant le conduit de la fumée de manière à
ce qu'il en fasse une ou deux fois le tour. Enfin, il sera
toujours très-utile d'établir au-dessus de la chaudière un
manteau de bois ou plutôt de fer-blanc, pour recevoir et
conduire dans la cheminée, la vapeur qui est aussi incommode que nuisible au bâtiment.

§ 18. — *Précautions contre les incendies.*

Nous avons déjà fait mention de diverses précautions
qui permettent de diminuer les chances d'incendie, mais
ce sujet est assez important pour mériter de fixer encore
un instant notre attention.

La malveillance et le défaut de soins sont, sans doute,
les causes qui déterminent la plupart des incendies, et
l'on peut les écarter par une grande vigilance et une
grande sévérité, mais il en est d'autres vis-à-vis desquelles nos soins et notre activité restent impuissants.
C'est ainsi que nous ne pouvons pas empêcher l'habitation du voisin de brûler et de communiquer le feu à la
nôtre. Tout ce que nous pouvons faire contre ces cas for-

tuits, c'est de nous ménager les moyens de combattre efficacement l'incendie quand il se déclare, et de prendre des précautions capables de mettre obstacle à la propagation du feu et de limiter les dégâts.

Un objet d'une haute utilité, et qui ne devrait jamais manquer dans les exploitations importantes, c'est une pompe à incendie. Indépendamment du service inappréciable qu'il peut rendre en cas d'accident, un meuble de ce genre sera encore utile pour le nettoyage des bâtiments, certains arrosages, etc.

Parmi les précautions à prendre, on peut, certes, placer en première ligne le rejet absolu des couvertures en paille, en joncs, roseaux, ainsi que celles construites en planches, et dont, fort heureusement, l'usage est presque complétement abandonné aujourd'hui. Au surplus, on doit apporter la plus grande attention dans le choix des matériaux qui doivent entrer dans la construction, et ne jamais perdre de vue la grande combustibilité du bois. On a cherché, non sans succès, dans ces dernières années, à diminuer la combustibilité des bois en les imprégnant de dissolutions salines, et l'on a employé, dans ce but, notamment l'alun, le borax, le phosphate d'ammoniaque, le silicate de soude ou verre soluble, etc. Ces préparations ne suffisent sans doute pas pour arrêter l'incendie, mais elles peuvent au moins en retarder les progrès, ce qui n'est pas un avantage d'une minime importance.

Il convient également d'isoler, autant que possible, les diverses constructions les unes des autres, et, dans les maisons d'habitation d'une grande importance, de faire usage de murs de refend d'au moins 0^{m}30 d'épaisseur, que l'on ne laissera traverser par aucune pièce de bois, et où l'on ne réservera que les ouvertures strictement nécessaires.

Il serait même à désirer que les portes établies dans ces murs de refend fussent construites en fer.

§ 19. — *Feux de cheminée.*

En général, ils sont peu redoutables, du moins quand les cheminées ne présentent aucun vice de construction, et que leurs parois ne sont traversées par aucune pièce de bois. Cependant, comme la flamme et les étincelles qui s'échappent par le haut, peuvent être entraînées par le vent et porter l'incendie sur d'autres bâtiments, il est toujours urgent de les étouffer le plus promptement possible. On y parvient ordinairement en bouchant l'orifice inférieur de la cheminée avec un tampon de fumier ou de paille mouillée, mêlée de terre ou de cendres. Dans le cas où la cheminée serait en communication avec d'autres, il faudrait en faire autant à chacune d'elles, afin d'intercepter complétement tout courant d'air capable d'entretenir la combustion. Quelquefois on ménage, dans ce but, à la partie inférieure de la cheminée, une trappe à bascule en tôle, qu'il suffit de fermer pour étouffer le feu. On doit, d'ailleurs, pendant que le feu dure, visiter fréquemment les diverses pièces traversées par le conduit de la cheminée, afin de s'assurer que la flamme ne se fait jour par aucune crevasse. La personne chargée de ce soin, doit être munie d'un seau plein d'eau et d'une grosse éponge ou d'un torchon mouillé avec lesquels il lui sera facile de maîtriser les jets de flamme, au moins jusqu'à l'arrivée des secours.

Si l'on a du soufre sous la main, on doit en jeter immédiatement trois ou quatre poignées dans le foyer allumé ; il se produit aussitôt de l'acide sulfureux qui est impropre à la combustion et rend le tamponnement beaucoup plus efficace.

CHAPITRE III

BATIMENTS POUR LE LOGEMENT DES ANIMAUX ; CONSTRUCTIONS DIVERSES.

Dans les constructions rurales, il est deux écueils à éviter. Parfois on construit, à la hâte, des bâtiments trop petits, mal distribués, mal clos, manquant de solidité, incommodes et même malsains. L'économie que l'on compte réaliser en procédant de la sorte, est tout à fait illusoire, car il faudra nécessairement remédier plus tard à l'insuffisance des locaux, supporter des réparations coûteuses, et l'on se trouvera forcément entraîné dans des dépenses supérieures à celles qui eussent été nécessaires pour établir, de prime abord, des constructions solides, salubres, et entièrement en rapport avec les exigences de l'exploitation.

D'autres fois, on sacrifie une sage disposition à des idées d'embellissement qui augmentent inutilement les frais, et ne sont nullement en rapport avec la destination de l'établissement. Cependant, hâtons-nous de le dire, si le cultivateur ne s'est pas laissé entraîner à des dépenses hors de proportion avec ses ressources, cette faute est infiniment plus excusable que la première. Sans doute, une partie de son capital est alors engagée d'une façon peu lucrative, mais il trouve, au moins, un dédommagement dans la plus grande somme de jouissances que ce sacrifice lui procure.

§ 1. — *Emplacement.*

Le choix de l'emplacement des bâtiments ruraux est un sujet de la plus haute importance, et ne doit être arrêté qu'après un examen attentif de toutes les circonstances qui peuvent influer sur la salubrité des locaux et l'économie des frais d'exploitation.

La position centrale mérite la préférence quand il est possible de l'adopter, car, tout en diminuant les frais de transport des récoltes et des engrais, elle facilite la surveillance ; mais diverses circonstances peuvent obliger à choisir un autre emplacement. Dans le cas où le domaine présente des terrains accidentés, d'un accès difficile, il convient d'installer les bâtiments à proximité de ceux-ci, afin de diminuer la distance et de rendre ainsi les transports des engrais moins pénibles et moins coûteux.

Si l'exploitation comprend des terres fortes et des terres légères, on devra nécessairement se rapprocher des premières, qui exigent une plus grande somme de travail, et c'est pour ce même motif que les bâtiments de la ferme devront être placés plutôt près des terres arables que des prairies et des herbages. Dans tous les cas, il faut toujours chercher à se ménager le voisinage d'un chemin public bien entretenu, ou, tout au moins, faire en sorte de n'avoir qu'un court trajet à parcourir pour le rejoindre.

L'eau étant un objet de première nécessité, il faut avoir soin de n'installer les bâtiments que dans un endroit où l'on puisse aisément se procurer celle qui est nécessaire aux besoins de l'exploitation. Si l'on ne peut avoir la jouissance d'une eau courante, qui doit toujours être recherchée, il convient de ne s'établir que sur un point où l'on soit assuré d'obtenir par le creusement d'un puits ordinaire, ou le forage d'un puits artésien, une eau abondante et de bonne qualité.

Il faut, en outre, que l'emplacement adopté ne laisse rien à désirer sous le rapport de la salubrité, et souvent cette condition importante ne saurait être remplie qu'en abandonnant la position centrale. On doit soigneusement éviter d'installer les bâtiments dans une situation basse et humide, ou sur un sol imperméable, n'offrant pas une pente suffisante pour l'écoulement des eaux. En choisissant, pour y bâtir, une terre sèche perméable et une situation aérée, on assurera la salubrité des locaux, tout en diminuant les frais d'établissement, car les constructions érigées sur des sols humides, fangeux, sont toujours très-coûteuses.

Si la propriété était humide dans toute son étendue, on devrait choisir alors l'endroit le plus aéré, et élever les bâtiments au-dessus du sol autant que leur destination peut le permettre, et particulièrement ceux d'habitation, qu'il faudra toujours, dans ce cas, bâtir sur caves voûtées, en n'employant, jusqu'à la hauteur d'un ou deux mètres au-dessus du sol, que des matériaux hydrauliques de première qualité; enfin, on aurait recours au drainage pour assainir l'emplacement.

Il faudra également tenir les cours, les aires des granges, etc., etc., au moins à trente centimètres au-dessus du niveau du sol. Cette précaution, souvent négligée, est cependant facile à prendre et peu dispendieuse, puisqu'elle donne l'emploi des déblais provenant des fouilles des caves et des fondations.

Comme le jardin potager doit être situé à proximité de l'habitation, il sera bon d'en fixer l'emplacement avant de commencer les constructions, attendu qu'au besoin on pourra y transporter ce que l'on trouvera de bonne terre en creusant les fondations.

La plupart du temps, l'humidité des bâtiments est due au sol, mais elle est, parfois aussi, déterminée par les pluies et les vents chargés de particules aqueuses. En pareil cas, il ne faut tolérer, du côté où les vents amènent l'humidité, que le nombre d'ouvertures strictement nécessaire, et les garnir de bonnes et solides fermetures. Les plantations peuvent également alors être employées avec

avantage pour intercepter les courants qui donnent la
pluie. Les plantations sont, d'ailleurs, fréquemment
utiles, comme obstacle à l'impétuosité des vents, et
comme abris contre les courants d'air froid pendant
l'hiver. Seulement, il faut prendre la précaution de ne
les établir qu'à une distance des bâtiments qui permette
au soleil d'agir librement sur les murailles, sinon elles
pourraient être plus nuisibles qu'utiles.

Dans le cas où sur quelque point du domaine ou à
proximité, il existerait des étangs, des marécages, donnant lieu à des brouillards fréquents ou à des émanations
insalubres, il faut naturellement en éloigner les bâtiments
de ferme. S'il n'était pas possible de s'écarter suffisamment
pour se mettre entièrement à l'abri de ces influences
malfaisantes, il conviendrait d'interposer des rideaux
d'arbres entre les lieux où celles-ci prennent naissance
et les bâtiments d'exploitation.

§ 2. — *Orientation.*

L'orientation des bâtiments mérite de fixer l'attention,
car elle exerce sur la salubrité des locaux une influence
dont il est facile de se rendre compte. Parfois l'exposition
la plus avantageuse est fixée par les circonstances locales :
ainsi on évitera toujours de disposer les logements des
hommes et des animaux de manière à ce que leurs
ouvertures soient exposées aux courants d'air insalubre ;
on cherchera à les garantir des vents impétueux, etc.
Au surplus, pour déterminer l'orientation des bâtiments,
il faut tenir compte de leur destination, et nous aurons
soin d'en faire mention, en traitant spécialement de
chacun d'eux. On ne saurait, d'ailleurs, à moins de
placer les diverses constructions sur une seule ligne, disposition qui est souvent désavantageuse, leur donner à
toutes la même exposition. Tout ce qu'il est possible de
dire de plus général à cet égard, c'est qu'il convient de
disposer les bâtiments de manière à ce que le soleil puisse

agir sur toute l'étendue des toitures, de façon à les débarrasser de leur humidité le plus promptement et le plus
complétement possible.

§ 3. — *Importance et disposition des bâtiments ruraux.*

Avant de commencer les constructions, il faut en déterminer l'importance, et celle-ci est naturellement subordonnée à l'étendue de l'exploitation, au système de
culture auquel elle doit être soumise, et à la position du
cultivateur. Le développement que doivent recevoir les
locaux destinés à abriter les animaux et les produits, est
nécessairement en rapport avec le nombre de bêtes que
l'on doit entretenir, et l'étendue des cultures.

Quant à la maison d'habitation, ses proportions varient
suivant la position de fortune du maître et ses relations
sociales.

Quand on a arrêté le nombre et l'importance de chacun
des bâtiments nécessaires au service de l'exploitation, il
s'agit de les distribuer le plus avantageusement possible,
tout en les plaçant, d'ailleurs, de manière à satisfaire à
toutes les exigences de la salubrité. La distribution des
différents locaux doit se faire de façon à donner au service toute la commodité dont il est susceptible, et à
rendre la surveillance facile.

Les bâtiments sont quelquefois rangés sur une seule
ligne (fig. 96). Cette disposition est fort simple et très-
usitée, mais elle ne convient que pour les petites fermes.
Il est facile de s'apercevoir qu'elle ne satisfait pas
pleinement aux règles données ci-dessus, car la surveillance ne peut jamais s'exercer avec toute l'efficacité
désirable, et parfois le service est entouré de difficultés.
Au surplus, en pareil cas, les différents locaux ne forment
qu'un seul bloc, ce que l'on doit éviter autant que possible, afin de diminuer les chances d'incendie, ou, tout
au moins, de pouvoir arrêter plus aisément la propagation du feu.

La figure 97 donne le plan d'une disposition qui, sans aucun doute, est préférable à la première. Les bâtiments sont rangés sur deux lignes parallèles, ce qui rend la surveillance commode et éloigne les dangers du feu. On peut, si on le juge convenable, relier par des murs les deux lignes de bâtiments, et obtenir ainsi une cour close de toutes parts, ce qui est un grand avantage.

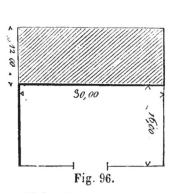
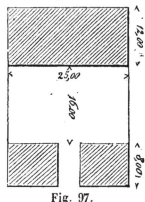

Fig. 96.   Fig. 97.

Si les bâtiments doivent avoir un développement total de 60 à 80 mètres, on peut avantageusement adopter l'arrangement donné dans la figure 98 que nous extrayons, comme la précédente, du *Cours d'agriculture* de M. le comte de Gasparin. L'habitation occupe le fond, et les autres bâtiments forment deux ailes en retour d'équerre. Il faut toutefois avoir soin de ne jamais donner alors moins de 16 mètres de longueur au côté du carré ou au petit côté du rectangle, sinon les attelages ne pourraient circuler qu'avec difficulté dans la cour, et l'aération des locaux de même que l'emplacement du fumier, seraient insuffisants.

Dans les fermes d'une plus grande importance encore, le développement que doivent avoir les bâtiments permet de les disposer en carré ou en rectangle (fig. 99), et ils forment ainsi l'enceinte de la cour.

Les figures dont nous nous sommes servi pour montrer les dispositions principales que peuvent affecter les bâtiments de fermes, n'en donnent que la masse; nous aurons

soin de donner plus loin des plans plus détaillés où l'iso-
lement des constructions sera observé. Mais, avant cela,
nous allons examiner les différents locaux dont une ferme
peut présenter la réunion, et indiquer les règles qui doivent être observées dans leur établissement.

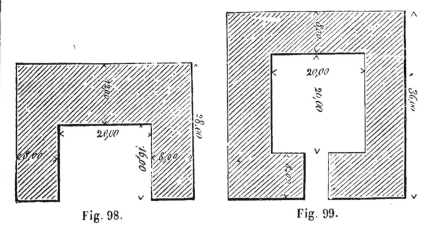

Fig. 98.   Fig. 99.

§ 4. — *Maison d'habitation.*

C'est à l'égard de la maison d'habitation que les pres-
criptions relatives au choix de l'emplacement doivent
être rigoureusement observées. Il est de la plus haute
importance de ne négliger, à cet égard, aucune des précautions qui doivent en assurer la parfaite salubrité. Les
négligences commises sous ce rapport sont toujours chère-
ment payées, et peuvent avoir les plus fâcheuses conséquences pour le bien-être des habitants. L'orientation adoptée
doit être telle que les pièces principales de l'habitation
puissent recevoir l'influence bienfaisante des rayons solaires, et cette condition est surtout fort importante dans
nos contrées du nord. Aussi doit-on donner la préférence
aux expositions de l'est, du sud-est et du sud. L'exposition
du nord est trop froide, et celle de l'ouest est insalubre.

Le nombre et la distribution des pièces que comprend
une ferme sont fort variables, mais on doit, en tous cas,
viser à les réduire au strict nécessaire, et faire en sorte
que le service soit commode et la surveillance aisée.

Dans toute exploitation, quelle que soit son importance, il est sans doute des locaux qui sont tout à fait
indispensables, mais ils ne sont pas toujours réunis sous
le même toit. Ainsi, par exemple, dans les fermes très-
étendues, la cuisine et les locaux à l'usage des gens de
service sont parfois placés dans un bâtiment distinct de
celui qui sert d'habitation au fermier.

Pour donner des exemples appropriés à la petite,
moyenne et grande culture, il nous faudrait entrer dans
des développements que ne comporte pas notre ouvrage,
et qui ne peuvent trouver place que dans des traités
beaucoup plus étendus. On conçoit, du reste, qu'un projet
de construction, d'ailleurs bien conçu, doit recevoir des
dispositions qui sont subordonnées aux habitudes, au
goût et aux relations sociales du propriétaire.

Nous nous bornerons donc à présenter deux plans de
bâtisses qui, dans les conditions actuelles de notre agriculture, nous paraissent répondre à la plupart des exigences.

Dans les petites exploitations, la cuisine, qui sert de
lieu de réunion et de salle à manger aux ouvriers, est
ordinairement la pièce principale du rez-de-chaussée.
Elle doit être assez spacieuse pour que le personnel
puisse y prendre place sans gêner le service, et éclairée
par de larges croisées donnant sur la cour, afin de pouvoir servir de centre de surveillance. Elle sert d'entrée à
la maison d'habitation. A côté de la cuisine et communiquant avec elle, se trouve une chambre assez vaste qui
parfois forme la chambre à coucher du maître, mais, en
pareil cas, un cabinet également en communication avec
la cuisine, et destiné à recevoir les étrangers, à serrer
les papiers, etc., est encore nécessaire. Indépendamment
de ces pièces, la maison d'habitation doit aussi être pourvue d'un fournil et d'une buanderie, le tout bâti sur
cave dont une partie pourra servir de laiterie, et le reste
à déposer les provisions. L'étage comprendra le logement des enfants, celui des servantes, la lingerie, voire

même une chambre d'étrangers. Quant aux domestiques, ils seront logés dans les autres parties de la ferme, et notamment dans les locaux destinés aux animaux. Les greniers occupent naturellement alors les combles des bâtiments.

La figure 100 donne une idée de la distribution indiquée ci-dessus. Dans cet exemple, le bâtiment a 15 mètres de long sur 8 de large, non compris les épaisseurs des murs.

Dans les exploitations plus considérables, comme, par exemple, dans celles de 80 à 100 hectares et plus, l'habitation du fermier exigera nécessairement un nombre de pièces plus considérable. La figure 101 présente une disposition appropriée à une ferme de cette importance.

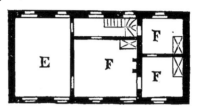

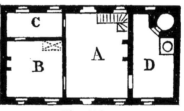

Fig. 100.

REZ DE CHAUSSÉE.

A Cuisine.
B Chambre à coucher.
C Cabinet.
D Fournil.

PREMIER ÉTAGE.

E Magasin.
FFF Chambres d'étrangers.

L'entrée principale se trouve toujours du côté de la cour, par la cuisine, mais on peut, suivant les convenances, réserver, soit du côté du jardin, soit du côté de la cour, une entrée particulière pour l'habitation du fermier. A côté de la cuisine se trouve, d'une part, le fournil servant de buanderie et de garde-manger, et, de l'autre, un cabinet pour le maître ainsi qu'un salon communiquant avec elle par une antichambre qui pourra communiquer avec le jardin. Les chambres du fermier et de sa famille, la lingerie, le local aux provisions, les chambres d'étrangers, ainsi que le logement des servantes, occuperont le premier étage.

Le bâtiment, représenté dans le plan, fig. 101, a 28 mètres de long sur 8 de large, non compris l'épaisseur des murailles.

Ces deux exemples suffiront, ce nous semble, pour donner une idée de la distribution d'un logement de ferme ; il sera, d'ailleurs, facile d'en augmenter ou d'en diminuer l'importance suivant les besoins et les exigences du propriétaire ou du domaine, tout en restant fidèle aux règles établies pour conserver une sage distribution.

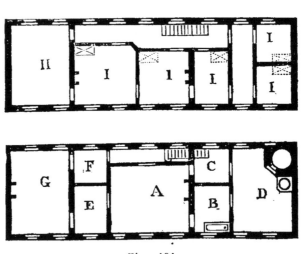

Fig. 101.

REZ DE CHAUSSÉE.

A Cuisine. — B Relaverie. — C Papape. — D Fournil. — E Cabinet. — F Vestibule. — G Salon.

PREMIER ÉTAGE.

H Magasin et lingerie. — IIIII Chambres à coucher.

Nous allons maintenant passer en revue les différents locaux nécessaires à une ferme, soit pour le logement des animaux, soit pour toute autre destination, indiquer les conditions qu'ils doivent remplir et les principes qui doivent servir de guide dans leur construction.

§ 5. — *Écuries.*

Parmi nos animaux domestiques, il n'en n'est pas qui demande plus de soins que le cheval, aussi le logement qu'on lui destine doit-il être spacieux, élevé, bien exposé et soumis à un bon système de ventilation.

Quand les écuries ne peuvent avoir d'ouverture que d'un seul côté, il est convenable de les établir à l'est, mais si elles peuvent en avoir aux deux côtés opposés, l'exposition méridionale est préférable. Cette disposition permet, en effet, de renouveler l'air, tout en maintenant dans le local une température plus uniforme, attendu que l'on peut, suivant le besoin, ouvrir du côté sud ou du côté nord. Les ouvertures destinées au renouvellement de l'air doivent être placées immédiatement sous le plafond des écuries, et munies de volets pouvant s'ouvrir partiellement ou complétement.

Les écuries doivent toujours être convenablement éclairées, afin de rendre le service commode et facile; d'ailleurs, l'obscurité exerce sur la vue des chevaux une influence funeste, trop fréquemment méconnue dans les campagnes. Il est convenable, toutefois, de placer les ouvertures destinées à donner le jour aux écuries, de manière que la lumière ne puisse jamais frapper directement les yeux des animaux.

Il est nécessaire que les écuries soient élevées et spacieuses, car le cheval vicie une grande quantité d'air par la respiration et les exhalations cutanées. On a calculé que le volume d'air nécessaire au cheval pour respirer librement, est de 25 à 30 mètres cubes. Il est des écuries où la ventilation est assurée au moyen de ventouses d'aération, dont la fig. 102, que nous avons empruntée à M. Huzard, donne une idée exacte; ces ventouses sont formées par une espèce d'entonnoir renversé, surmonté d'une cheminée qui rejette au dehors l'air vicié de l'écurie. La cheminée peut se construire en tôle, en poterie ou en bois. Dans ce dernier cas, elle doit être en planches de bois dur, parfaitement assemblées, de manière à empêcher les émanations de l'écurie de pénétrer dans les magasins à fourrages qu'elle traverse.

Les écuries sont *simples* ou *doubles*. Dans les écuries

simples, les chevaux sont placés sur un seul rang; les écuries doubles comportent deux rangées.

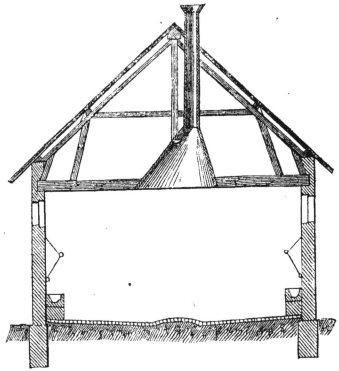

Fig. 102.

Dans les écuries simples, la largeur doit être de 4 mètres au moins, car le cheval et la mangeoire occupent une longueur de 3 mètres, et il faut ménager, derrière les animaux, un passage qui ne peut avoir moins d'un mètre. Une largeur de 1ᵐ75 est nécessaire à chaque animal pour la commodité du service, et pour que les chevaux puissent se coucher aisément, de sorte que chacun d'eux exige un emplacement de 7 mètres carrés, et si l'on veut leur procurer les 25 à 30 mètres cubes d'air dont il a été question ci-dessus, il faudra donner à l'écurie une hauteur de 4 mètres. Il est très-avantageux d'élever le sol des écuries à 0ᵐ20 ou 0ᵐ25 au-dessus de celui de la cour, car les écuries enterrées sont toujours malsaines, et

la détérioration des boiseries et du mobilier y est toujours très-rapide.

Le sol sur lequel repose le cheval doit être imperméable, pavé ou solidement battu comme l'aire d'une
grange, ou formé d'une couche de béton, et présenter
une pente de 2 à 3 centimètres par mètre. Sur un plan
plus incliné le cheval se fatiguerait, et cette pente est
suffisante pour amener les urines dans une rigole A, pourvue d'une pente semblable, et qui les conduit hors de
l'écurie.

Il est nécessaire d'observer que l'emplacement assigné
plus haut à chaque cheval n'est qu'un minimum, et que
la largeur doit être portée à 4m5 et même 5 mètres, quand
l'écurie est divisée en stalles (fig. 103 et 104) par des

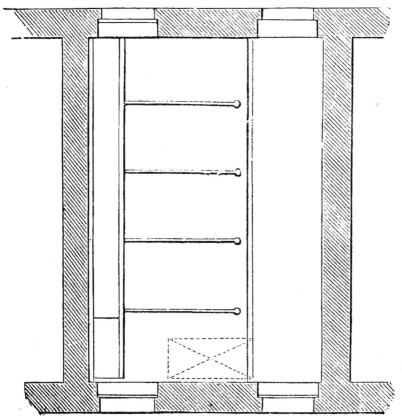

Fig. 103.

cloisons, qui gênent toujours l'entrée et la sortie des animaux.

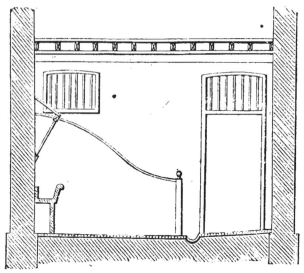

Fig. 104.

La fig. 105 représente une écurie double. Cette disposition n'est pas aussi commode que la précédente,

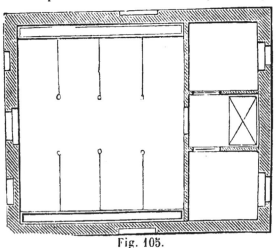

Fig. 105.

attendu qu'elle ne permet pas de placer les harnais derrière les chevaux, mais elle procure une légère économie d'emplacement, car alors 8 mètres de largeur peuvent suffire au lieu de 9 mètres.

Il est une disposition d'écurie double, représentée en coupe dans la fig. 106, qui est très-recommandable, quoiqu'elle soit plus dispendieuse, tant sous le rapport des frais d'établissement que sous celui de la largeur des bâtiments. Cette écurie est traversée dans sa longueur par deux mangeoires adossées, entre lesquelles est réservé un passage pour la distribution de la nourriture.

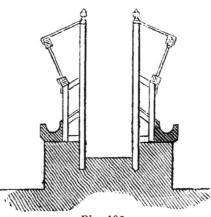

Fig. 106.

L'usage des stalles fait, à la vérité, perdre en longueur 25 à 30 centim. par cheval, mais il permet aux animaux de se coucher et de se relever librement, et les garantit de toute espèce d'atteinte de la part de leurs voisins.

Les portes des écuries doivent avoir 1^m30 ou 1^m50 de large sur 2 mètres à 2^m50 de haut. Ces dimensions sont absolument nécessaires pour qu'un cheval tout harnaché puisse aisément passer. J'ai vu quelques fermes en Picardie où les portes des écuries s'ouvrent en dehors. Ces portes, qui doivent être placées à fleur de l'extérieur de la façade, afin de pouvoir décrire en s'ouvrant un demi-cercle complet, sont d'un assez vilain effet, mais elles sont très-commodes.

Il est fort utile de disposer, aux portes principales, de petites barrières à claire-voie dont on peut faire usage quand on veut aérer l'écurie. On empêche ainsi les poules de s'y introduire, et cette précaution est surtout nécessaire au moment de la mue des volailles.

L'auge, nommée aussi crèche ou mangeoire, dans laquelle on dépose la nourriture, doit être élevée de 1^m00 à 1^m20 au-dessus du sol de l'écurie. Cette hauteur convient à peu près aux chevaux de toute taille. Les meilleures sont en pierre de taille et reposent sur un contre-mur de

hauteur convenable, ou simplement sur des dés en maçonnerie ; mais, le plus ordinairement, elles sont en madriers de chêne, supportés par des pieds de même bois.
Dans tous les cas, les angles doivent en être soigneusement arrondis, afin que les chevaux ne puissent pas s'y
blesser. Le fond des mangeoires est plus étroit que le
haut, ce qui rend la préhension du grain plus facile aux
animaux. Quelquefois l'auge est munie de cloisons, qui
ont pour objet de diviser la ration et de faire la part de
chaque cheval. La figure 107 offre la coupe d'une auge en
pierre, A B est une cheminée d'aérage placée au-dessus du
râtelier et la figure 108 représente une auge en bois munie

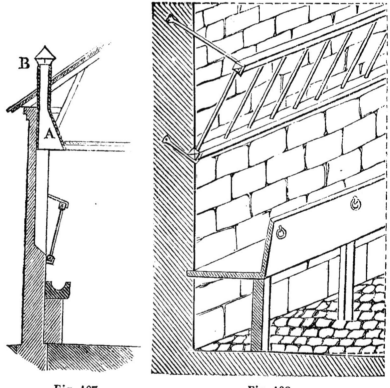

Fig. 107.   Fig. 108.

de son râtelier. Ces auges ont 35 à 40 centimètres d'ouverture ; celles en pierres doivent être arrondies au fond.
Quant aux auges métalliques, qui ont été soumises à

beaucoup d'essais, elles ne présentent aucun avantage qui soit de nature à leur mériter la préférence, et elles ont encore besoin de recevoir des perfectionnements pour offrir une supériorité réelle sur les autres.

Quelle que soit d'ailleurs la nature de la matière dont elles sont faites, les auges doivent être solidement assujetties, car on ne doit pas perdre de vue que l'anneau d'attache des chevaux est fixé à l'une de leurs parois.

Les râteliers sont formés de deux longues pièces de bois reliées entre elles par des barreaux espacés d'environ 16 à 17 centimètres, ainsi que le montrent les fig. 107 et 108. Ils ont, pour les chevaux, 80 centimètres de haut, et sont fixés au mur au dessus de la mangeoire, de manière que leur partie inférieure soit à 1 mètre 40 ou 1 mètre 50 du sol, environ 30 centimètres au-dessus du bord supérieur de la mangeoire, et leur partie supérieure éloignée du mur de 40 centimètres. Cette disposition, généralement adoptée, est très-commode, car elle donne beaucoup de facilité pour le placement du fourrage, mais elle présente l'inconvénient de rendre la préhension

des fourrages plus difficile aux animaux, d'occasionner souvent, au moins en partie, la perte des graines du foin, et d'exposer les yeux des chevaux à la poussière et aux débris qui s'échappent du râtelier. Il y aurait donc avantage à en diminuer quelque peu l'inclinaison, quoique le changement doive rendre le service un peu plus difficile. M. le comte de Gasparin recommande le râtelier vertical, représenté dans la figure 109. Cette disposition est

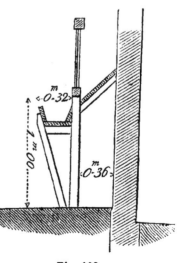

Fig. 109.

certes très-avantageuse, seulement il est nécessaire, quand on l'adopte, d'augmenter un peu la largeur des écuries.

De même que l'on établit des cloisons dans les auges afin de bien diviser les rations, de même aussi l'on donne parfois à chaque cheval un râtelier séparé. On a même, dans ce but, construit des râteliers en fer en forme de coquille, qui sont très-élégants et d'un long usage, mais qui ont l'inconvénient de coûter extrêmement cher.

L'écurie doit encore renfermer un lit pour le domestique, un coffre pour l'avoine et quelques rayons, ou plutôt une armoire, pour serrer les étrilles, les brosses, etc. Le lit occupe ordinairement la place d'une stalle et doit être assez élevé pour que le palefrenier puisse, sans se lever, inspecter toute l'écurie ; le coffre à avoine peut se placer sous le lit.

Quant aux trappes qui servent à descendre les fourrages du grenier dans les râteliers, elles doivent être répudiées, et cela pour plusieurs raisons ; elles laissent pénétrer dans le grenier l'air humide et les émanations gazeuses, causes d'altération pour les fourrages, et, par la poussière qu'elles répandent dans l'écurie au moment de la distribution des rations, elles exposent les chevaux à contracter de dangereuses affections des yeux et des voies respiratoires.

Enfin, nous dirons qu'une écurie qui remplira les conditions de propreté et de salubrité dont nous avons fait mention, ne laissera rien à désirer, si l'on parvient à y maintenir, par une heureuse disposition des ouvertures, dans toutes les saisons de l'année, une température qui varie entre 10 et 16°.

§ 6. — Étables.

Comme les écuries, les étables peuvent être communes ou divisées en stalles. L'exposition qui leur convient le mieux est celle du levant ou du midi, mais, dans ce dernier cas, il est essentiel de ménager des ouvertures au nord.

Les observations présentées à l'égard de la salubrité

et de l'aération des écuries sont entièrement applicables
aux étables, mais celles-ci exigent, dans leur construction,
des dispositions spéciales que nous allons examiner.

Il serait d'une médiocre utilité de traiter ici de la
construction des hangars qui servent à abriter le bétail,
dans les pays où les variations de température sont assez
peu prononcées pour que l'on puisse constamment laisser les animaux dans les pâturages. En Belgique, et dans
tous les pays qui jouissent du même climat, les bestiaux
doivent nécessairement, pendant une partie de l'année,
être enfermés dans des étables.

Quoique les bêtes à cornes soient généralement moins
délicates que le cheval, il est cependant nécessaire de
leur donner un logement sain, et d'autant mieux aéré,
que, séjournant une partie de l'année dans les prairies,
le passage brusque du grand air à l'atmosphère chaude
et humide de l'étable et *vice versâ*, ne peut que leur être
très-nuisible. Aussi faut-il chercher à rendre cette tran-
sition insensible, et l'on y arrivera en faisant usage d'un
bon système de ventilation, analogue à celui mentionné à
propos des écuries.

Les étables, comme les écuries, peuvent être simples
ou doubles; ces dernières présentent une légère économie
de place, mais coûtent proportionnellement plus à établir,
à cause du surcroît de force qu'il est nécessaire de donner à la charpente. Les dispositions données plus haut
sont très-convenables, et la seule modification que l'on
doive y apporter consiste à augmenter les dimensions
des mangeoires.

Les vaches et les bœufs ont besoin de moins de place
pour se coucher que les chevaux. Une largeur de 1m50
est suffisante pour chaque bête, et, pour les autres dimensions de l'étable, on conservera celles des écuries, ce qui
procurera un volume de 24 mètres d'air à chaque animal, quantité reconnue nécessaire pour entretenir le
bétail en bonne santé.

La division des étables en stalles au moyen de cloi-

sons, est très-profitable aux animaux à l'engrais, et très-
recommandable pour les vaches mères. Ces dernières
exigent toutefois des stalles plus larges, et M. Nadault
de Buffon recommande 1ᵐ75 de largeur, que l'on pourrait même, ce nous semble, porter jusqu'à 2 mètres.,

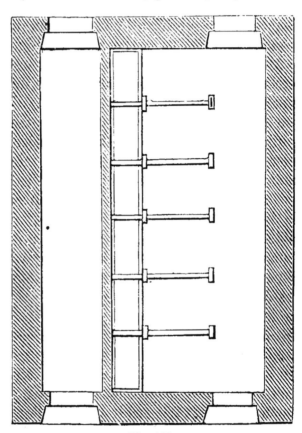

Fig. 110.

Dans beaucoup d'étables, comme dans certaines écuries, les fourrages sont distribués aux animaux par des
trappes pratiquées dans le plancher, et qui présentent
ici absolument les mêmes inconvénients que ceux dont
nous avons fait mention en parlant des écuries. On doit
donc s'abstenir, dans les étables, de cette disposition qui
est extrêmement vicieuse. On peut, d'ailleurs, aisément
l'éviter en ménageant derrière la mangeoire un couloir

ou corridor par où l'on distribue, avec la plus grande facilité, la nourriture aux animaux.

En Angleterre, où l'élève et l'engraissement du bétail se font sur une vaste échelle, on a reconnu, depuis long-temps, les avantages que procurent les racines et tuber-cules cuits à l'eau ou à la vapeur, dans l'alimentation, et la méthode y est généralement suivie. Il est vraisem-blable que cette pratique a donné lieu à l'adoption des couloirs dont nous venons de parler (fig. 110 et 111), car il est facile de se faire une idée des difficultés et des pertes de temps qu'entraînerait autrement la distribution d'une semblable nourriture à un nombreux bétail.

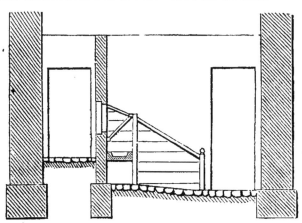

Fig. 111.

Quand les bœufs et les vaches reçoivent de la buvée ou une nourriture délayée, leurs mangeoires doivent être plus larges que celles des chevaux, et si les auges ne sont pas en pierre, elles doivent être faites en maçonnerie soi-gneusement cimentée avec du mortier hydraulique. Au-tant que possible, le fond en sera garni de dalles en pierre dure, ou de grands carreaux en terre cuite de bonne qualité.

Ces mangeoires auront à leur partie supérieure 48 cen-timètres de large, et 40 centimètres au fond; elles seront toujours cloisonnées, afin qu'on puisse rationner chaque bête, et moins hautes que celles des écuries. Ces grandes mangeoires sont surtout nécessaires quand on fait usage des fourrages hachés, dont l'emploi est aujourd'hui fort répandu, et qui même, dans certaines exploitations, ont amené la suppression du râtelier.

Les pentes dans les étables seront réservées avec le même soin que dans les écuries, et le sol devra toujours être pavé ou, tout au moins, établi en terre bien battue et imperméable. On évitera de donner aux rigoles d'écoulement trop de profondeur (fig. 112), car elles sont alors dangereuses et exposent les animaux à des accidents qui peuvent avoir de la gravité.

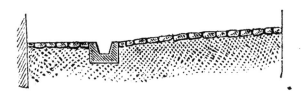

Fig. 112.

Le pavage en briques peut être adopté dans les étables, car les vaches, n'étant pas ferrées, dégradent beaucoup moins que les chevaux. Quoiqu'on puisse, à la rigueur, quand on adopte ce mode de pavage, ne mettre qu'une brique à plat sous les jambes de devant des bestiaux, il est certainement préférable de placer partout les briques de champ ; la dépense n'en sera guère augmentée, et la solidité sera beaucoup plus grande.

Quel que soit d'ailleurs le mode de pavage auquel on donne la préférence, il faudra, dans les étables et dans les écuries doubles, réserver toujours au milieu une petite chaussée, suffisamment bombée pour en assurer constamment la propreté.

Dans tout établissement bien organisé, on aura soin d'attribuer des étables séparées aux bœufs de travail, aux vaches laitières, aux vaches mères, aux veaux et aux animaux à l'engrais.

§ 7. — *Bergeries.*

Il est des cultivateurs qui, aujourd'hui encore, pensent que l'on ne saurait clore trop hermétiquement les bergeries; c'est là une erreur dont les conséquences ont été bien souvent funestes aux bêtes à laine. La vérité est que les bergeries, de même que les divers locaux affectés au logement de nos animaux domestiques, doivent être vastes et bien aérées.

Le mouton peut parfaitement bien supporter des froids très-rigoureux, mais l'humidité et les frimas lui sont extrèmement nuisibles. Aussi est-il de la plus haute importance d'installer les bergeries sur un sol parfaitement assaini, et de prendre les précautions désirables pour assurer leur parfaite aération.

Les dimensions d'une bergerie se règlent nécessairement d'après le nombre de bêtes qu'elle doit contenir, et il faut que le nombre et la longueur des crèches qui y prennent place, soient suffisants pour que tous les animaux puissent simultanément prendre leur nourriture.

On détermine souvent, d'une manière fort simple, les dimensions de la bergerie, en s'appuyant sur cette donnée : qu'il faut pour chaque bête adulte une surface d'un mètre carré, et pour chaque agneau seulement 0^{m}750.

Parfois, on fait usage d'une autre méthode pour calculer l'emplacement. On estime le développement total des crèches en multipliant le nombre de moutons par la place que chacun d'eux occupe devant la mangeoire, c'est-à-dire par 0^{m}50, et l'on multiplie ce produit par 2 mètres, longueur du mouton, y compris la largeur de la mangeoire; ce nouveau produit fournit l'étendue que l'on doit donner à la bergerie.

L'intérieur des bergeries présente un grand nombre de dispositions.

En général, les bergeries sont garnies, de trois côtés au moins, de mangeoires ou crèches simples, et les séparations sont formées par des crèches doubles, qui souvent sont portatives..

La figure 113 représente une bergerie à deux rangs, ayant 4 mètres de largeur intérieure, et dont la longueur est subordonnée au nombre de bêtes qu'elle doit abriter. Cette disposition, qui n'est guère usitée, ne peut être admise que pour un fort petit troupeau.

La figure 114 offre une disposition beaucoup plus usitée; elle est à quatre rangs. Dans cette disposition,

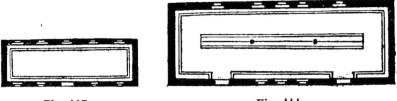

Fig. 113.   Fig. 114.

le râtelier double, qui occupe le milieu de la bergerie, ne saurait avoir la longueur de ceux qui lui sont parallèles; les râteliers simples, placés en face de chacune de ses extrémités, s'y opposent. D'un autre côté, les animaux, qui sont obligés de se caser aux angles que forment les râteliers, doivent nécessairement se gêner beaucoup. Aussi, à dimensions égales, la disposition représentée fig. 115, nous paraît préférable.

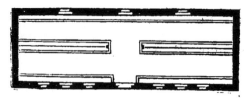

Fig. 115.

La figure 116 donne le plan d'une bergerie à six rangs. Le grand nombre de moutons qu'elle doit loger, rend indispensables les passages réservés aux deux extrémités. Cette bergerie est pourvue de trois portes d'entrée;

on peut en supprimer une, mais deux sont toujours nécessaires.

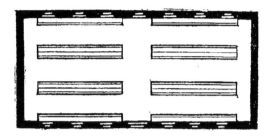

Fig. 116.

La figure 117 représente une disposition qui permet
d'établir, à volonté, des compartiments, en faisant usage
de simples claies que l'on place aux endroits marqués
par des lignes ponctuées.

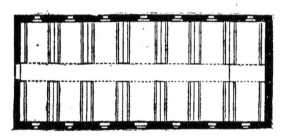

Fig. 117.

Les ouvrages d'architecture rurale les plus recommandables prescrivent de donner une hauteur de 4 mètres
au moins aux bergeries. La nécessité d'observer rigoureusement cette prescription est commandée par le grand
nombre d'animaux qu'abritent constamment les bergeries, animaux qui vicient l'air par leur respiration, par
leurs émanations cutanées et par leurs déjections. Aussi
le logement des bêtes ovines doit-il être bien aéré, car ce
n'est que par un bon système de ventilation que l'on
peut y maintenir les conditions de salubrité désirables.
Dans ce but, les bergeries seront, autant que possible,
exposées au midi et pourvues, au nord et au sud, de larges
ouvertures. Les ouvertures situées au nord seront fer-

mées en hiver au moyen de volets ou de paillassons ;
celles qui regardent le midi doivent également être
bouchées pendant les gelées et les neiges. Quant aux
ouvertures nommées barbacanes, qui sont pratiquées
dans la partie inférieure des murs des bergeries, elles ne
doivent pas être tolérées, car elles donnent lieu à des
courants d'air froid, qui frappent directement les animaux et peuvent provoquer de graves accidents. Mais on
peut avantageusement recourir aux cheminées d'aération
ou ventouses, dont il a été fait mention à l'occasion des
écuries.

Le sol de la bergerie peut être formé d'argile bien battue, mais il est également avantageux de le revêtir d'une
bonne couche de béton. Comme la litière absorbe les
urines, il n'est pas nécessaire de ménager des pentes, ni
d'y creuser des rigoles. On recouvre ordinairement le sol
de la bergerie d'un lit de terre, de sable ou de marne, que
l'on renouvelle de temps à autre, et qui, tout en contri-
buant au maintien de la propreté, procure un bon
engrais.

Les portes des bergeries doivent toujours s'ouvrir en
dehors ou être faites à coulisse, à cause de l'habitude
qu'ont les bêtes ovines de se précipiter tumultueusement
vers les ouvertures, au moment de la sortie. Il est nécessaire, pour le même motif, de leur donner de 1^{m}30
à 1^{m}60 de largeur. La partie supérieure de ces portes
peut être à claire-voie, ou coupée de manière à s'ouvrir
séparément.

Pour éviter les accidents qui peuvent résulter de la
pression des moutons dans les portes, à la sortie, on a
imaginé différents moyens. C'est ainsi que l'on garnit les
embrasures des portes, de rouleaux, qui ont l'avantage
de prévenir les blessures contre les angles ; mais le procédé le plus efficace est celui employé à la bergerie de
Grignon. Ici, le seuil des portes est élevé de 0^{m}50 au-
dessus du sol et l'on y arrive par deux petites rampes, l'une
intérieure, en planches, l'autre extérieure, en maçon-

nerie. La largeur de ces rampes est réglée de manière que deux moutons seulement peuvent y passer à la fois, et la sortie s'opère avec ordre.

Les crèches sont simples ou doubles. Les crèches simples sont ordinairement adaptées aux murs des bergeries, et ne diffèrent de celles des autres animaux que par leurs dimensions (fig. 118). Elles comprennent une auge et un râtelier. L'auge est en bois ou en pierre et a ordinairement une profondeur d'environ 0ᵐ15 à 0ᵐ16, avec une ouverture de 0ᵐ30 à la partie supérieure. On doit la placer à une hauteur telle que les moutons puissent aisément y prendre leur nourriture. Le râtelier, formé par des barreaux longs de 0ᵐ50 à 0ᵐ60, écartés seulement de 0ᵐ12, afin que les animaux ne puissent pas y passer la tête, doit être peu incliné et se place à environ 0ᵐ20 au-dessus de l'auge.

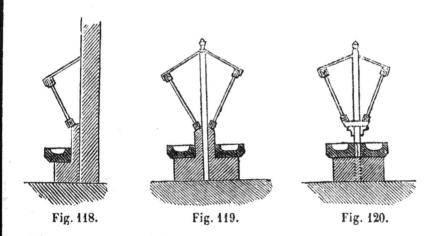

Fig. 118.   Fig. 119.   Fig. 120.

Les crèches doubles sont *fixes* ou *mobiles*. Elles sont formées par deux auges et deux râteliers, adossés et maintenus par des poteaux scellés dans la maçonnerie, et séparés par une cloison de 0ᵐ70 (fig. 119).

Les figures 120 et 121 montrent d'autres assemblages. Dans la disposition de la figure 120, les auges sont en pierre et posées sur maçonnerie ; dans celle de la figure 121, les auges sont en bois de même que l'assemblage tout entier. Ces deux modèles sont très-convenables pour les crèches fixes.

Les crèches mobiles varient aussi beaucoup de formes, et nous nous bornerons à présenter ici le modèle adopté à l'Institut agronomique de Grignon (fig. 122).

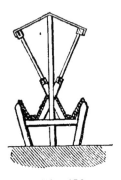 

Fig. 121.   Fig. 122.

Que les crèches soient fixes ou mobiles, quand elles sont construites en bois, il est nécessaire de clouer des planches sur la partie inférieure des montants, afin d'empêcher les jeunes animaux de pénétrer en dessous.

Le berger doit nécessairement avoir son logement dans la bergerie.

Indépendamment des bergeries dont il vient d'être question, on distingue encore les bergeries temporaires qui, généralement, ne sont que de simples hangars à claire-voie, garnis de crèches mobiles, et dont les salins seuls sont construits en maçonnerie. Leurs dimensions se calculent comme celles des bergeries permanentes et elles servent d'abri aux moutons pendant l'été. Parfois on les ferme avec des planches disposées comme les lames de persiennes; d'autres fois, on fait pour cela usage de paillassons.

La figure 123 donne le plan d'ensemble des bergeries de Rambouillet, célèbres par le succès du troupeau de mérinos introduit à grands frais, en 1777, par les soins de Louis XVI.

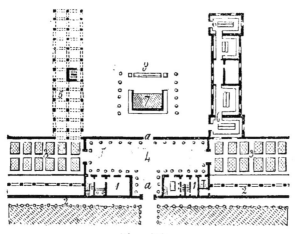

Fig 125.

LÉGENDE.

A Entrée.
1 1 Habitation des employés.
2 2 Charreterie; instruments aratoires.
3 3 Potagers.
4 Cour d'entrée.

5 Grands hangars.
6 6 Bergerie, logement du berger prin-
    cipal.
7 Trou à fumier.
8 Auge, abreuvoir pour les moutons.

§ 8. — *Porcheries*.

Longtemps on a cru, et il est des cultivateurs qui
partagent encore cette erreur, que les porcs pouvaient
impunément séjourner dans l'ordure; mais, aujour-
d'hui, on sait très-bien que, pour en obtenir des produits avantageux et les conserver en bonne santé, il
est nécessaire de leur donner un local spacieux, bien
aéré, salubre et, autant que possible, exposé au midi.

La place à réserver dans les porcheries aux animaux
de l'espèce porcine, varie avec l'âge, le sexe et la destination. On compte que pour chaque truie ou porc à
l'engrais il faut un emplacement de 2 mètres de long sur
1m60 de large, soit 3m20.

Pour une truie mère de bonne race, donnant moyennement dix à douze petits par portée, il faut au moins
12 mètres carrés de superficie. Une surface de 2 mètres
de long, sur 1m50 de large, suffit pour les verrats. Pour
les porcelets que, généralement, on réunit dans une

même loge, on compte sur une superficie de 1^{m}30 à
1^{m}50 par tête.

Il convient de placer en loges séparées tous les individus adultes, mais cette séparation est surtout indispensable pour les verrats et les truies mères ou qui sont
sur le point de mettre bas.

Quoique le porc aime l'eau, et qu'il soit profitable de
lui assurer la jouissance d'un bassin ou d'une mare où
il puisse se vautrer, il est cependant nécessaire que son
habitation soit parfaitement sèche. Celle-ci doit être
très-solidement construite, et surtout le pavé, qui doit
être fait en grès ou en briques posées de champ ; car il
faut tenir compte de cet instinct du porc qui le pousse à
fouiller continuellement le sol au moyen de son groin.
On donne au pavé de même qu'aux rigoles, une pente
d'au moins 0^{m}03 par mètre.

Les porcheries donnent ordinairement sur une cour
commune dans laquelle on laisse courir les porcs une
partie de la journée; mais, dans les exploitations bien
tenues, chaque loge possède une petite cour particulière,
fermée par des murs de 1^{m}30 à 1^{m}60 de hauteur, ou
simplement par des claires-voies (fig. 124).

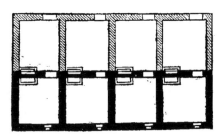

Fig. 124.

Quand on doit loger un grand nombre d'animaux et
que l'on dispose d'une place suffisante, on peut adopter
les porcheries doubles ; en pareil cas, on réserve, dans
le milieu, un corridor de service par lequel la distribution de la nourriture se fait avec la plus grande facilité.

La figure 125 donne une idée de cette disposition, qui
permet de réaliser une économie dans les frais de construction, mais qui interdit l'orientation la plus convenable, attendu qu'un seul côté de la porcherie peut
jouir de l'exposition du sud. Cette disposition est celle
qui a été adoptée à la ferme de M. Bortier, *la Britannia*,
située près d'Ostende.

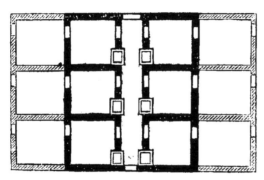

Fig. 125.

Le corridor, qui est très-commode, peut s'appliquer
également aux porcheries simples.

Les auges dans lesquelles on donne la nourriture aux
porcs ont habituellement 0ᵐ30 de largeur intérieure sur
0ᵐ15 à 0ᵐ20 de profondeur. Elles sont communes ou
isolées. Dans le dernier cas, on leur donne une longueur
de 0ᵐ50, et, dans le premier, elles sont divisées en
compartiments de 0ᵐ35 à 0ᵐ40 au moyen de cloisons;
on les place toujours de façon à ce que leur bord
supérieur, eu égard à la taille des porcs, se trouve à
0ᵐ20 ou 0ᵐ30 au-dessus du sol.

Les fig. 126 et 127 donnent deux dispositions d'auges.
La dernière mérite la préférence, attendu qu'elle permet
d'y introduire la nourriture de l'extérieur de la loge.
Cette auge (fig. 127) est recouverte d'un volet suspendu
par des charnières à un linteau fixé vers le milieu de
l'épaisseur du mur. Quand on veut la nettoyer ou y
mettre la nourriture, on repousse le volet vers l'intérieur

de la loge, et on le fixe dans cette position, au moyen du
verrou dont il est pourvu.

On se sert aussi, depuis quelque temps, pour donner
la nourriture aux jeunes porcs, d'auges portatives en
fonte (fig. 128). Ces auges, ordinairement circulaires,
sont à compartiments et ont un diamètre de 0ᵐ70 à 0ᵐ80.
Elles sont très-commodes.

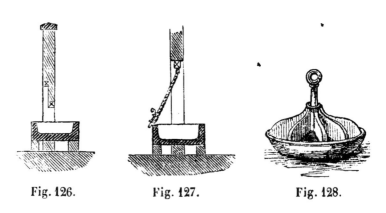

Fig. 126.   Fig. 127.   Fig. 128.

Les portes des porcheries peuvent se réduire à 0ᵐ60
de large sur une hauteur de 1ᵐ50 à 1ᵐ80. Les fenêtres
ne sont ordinairement que de simples ouvertures sans
châssis ni volets, que l'on bouche, au besoin, avec de la
paille.

Comme on s'abstient généralement, et avec raison,
d'établir les greniers au-dessus des porcheries, on peut
avantageusement activer la ventilation, au moyen de
fenêtres à *tabatières* pratiquées dans la toiture.

§ 9. — *Boxes.*

Depuis quelque temps, on vante beaucoup l'application du régime cellulaire au logement des bestiaux. Il est
certain que la tranquillité dont ils jouissent alors ne peut
que leur être favorable. D'après ce système, chaque bête,
cheval, bœuf ou vache, est enfermée, sans être attachée,
dans une loge nommée *boxe.*

Comme toutes les innovations, l'utilité des boxes est fortement controversée. Les éleveurs vantent un moyen d'engraissement aussi prompt qu'économique, tandis que les consommateurs se plaignent de l'infériorité de la qualité de la viande, conséquence d'un développement maladif et forcé par des moyens anormaux.

Ces loges sont, en général, accompagnées d'une petite cour dont la surface est à peu près double de celle de la boxe. Quant aux dimensions, elles varient de 12 à 25 mètres carrés, mais on peut admettre, comme suffisantes dans la plupart des cas, les boxes de 3ᵐ00 de large sur 5ᵐ00 de profondeur. Comme on le voit, ce système présente le grave inconvénient d'exiger beaucoup de place, et, par conséquent, d'être dispendieux.

La figure 129 donne le plan d'une écurie divisée en 3 boxes, et peut suffire pour donner une idée de cette disposition. A,A,A, sont les boxes; B,B,B, les cours qui en dépendent. Les cloisons qui les séparent peuvent n'avoir que 2ᵐ00 à 2ᵐ50 de hauteur.

Fig. 129.

Les boxes pour les bêtes à cornes présentent les mêmes dispositions que celles des chevaux.

Les bornes de ce petit traité ne nous permettent pas de donner de longs développements à ce sujet; les personnes qui voudraient avoir sur les boxes des détails plus complets devront recourir à des ouvrages plus étendus, et pourront consulter notamment le *Traité de Constructions rurales* de M. L. Bouchard.

§ 10. — *Plancher à claire-voie, système Huxtable.*

Dans le but de supprimer la litière et de faire entrer la paille dans la nourriture des bestiaux, on a imaginé, en Angleterre, de faire reposer les animaux sur un plancher à claire-voie. Cette méthode est connue sous le nom de *méthode Huxtable.* Appliquée aux logements des chevaux et des bœufs, elle ne paraît pas avoir donné des résultats avantageux, et ne semble pouvoir convenir qu'aux porcheries, et surtout aux bergeries ; encore faut-il craindre que les animaux se cassent les jambes.

Pour en donner une idée, nous ne saurions mieux faire que de reproduire ce qu'en dit **M. L. Bouchard,** dans son excellent *Traité des Constructions rurales.*

« On a préconisé, il y a quelques années, dit-il, un système de planchers à claire-voie, qui, en permettant aux déjections animales de tomber dans une fosse sous-jacente et les empêchant de souiller le sol, devait procurer aux bestiaux un lit de repos suffisant, avec une grande économie de litière. Les planchers (pour les étables) consistaient en des espèces de grils formés de pièces de charpente en chêne, portant environ 0^m06 d'équarrissage, et laissant entre elles des intervâlles de 0^m02 à 0^m03 de largeur ; ils étaient mobiles et reposaient sur de petits murs formant les côtés d'une fosse pavée et creuse de 0^m40 à 0^m50. Cette fosse était placée de manière à se trouver sous la partie postérieure de l'animal, à 1 mètre environ du râtelier ; sa largeur était de 1^m50, et sa longueur celle de l'étable. Elle devait recevoir non-seulement les déjections, mais encore de petites quantités de cendre ou poussière de diverse nature ; quand elle était à peu près pleine, on soulevait le plancher mobile pour la vider. Le sol de la fosse pouvait être incliné de manière à ce que les parties liquides se rendissent dans la fosse à purin...

» Dans les bergeries, les claires-voies s'établissent de la même manière que dans les étables ; seulement elles

n'ont pas besoin d'être aussi résistantes, et l'espacement
des barreaux doit être moindre.

» Ce sont ordinairement de petits chevrons de 0ᵐ03
ou 0ᵐ04 de largeur sur 0ᵐ06 de hauteur, posés sur
champ et espacés entre eux de 0ᵐ01 à 0ᵐ02. On dispose
ces chevrons, dans toute l'étendue de la bergerie, sur des
lambourdes ou poutrelles appuyées sur des montants en
pierre ; des portions doivent composer des châssis mobiles assemblés en forme de grils, pour permettre le nettoyage du caveau où tombent les déjections (1). »

§ 11. — *Poulailler.*

Le poulailler proprement dit est le bâtiment, ou la
portion de bâtiment, affecté au logement de la volaille.
Quand le poulailler est, comme cela se voit dans les exploitations importantes, pourvu d'une cour particulière,
on donne habituellement à cette partie de l'établissement, le nom de *basse-cour.*

La prospérité de la volaille dépend du poulailler, aussi
ne saurait-on apporter trop de soin à sa construction.
La poule craint le froid, la trop grande chaleur et l'humidité. Le froid l'engourdit, retarde et diminue la ponte ;
une température trop élevée l'affaiblit ; l'humidité lui
occasionne des affections goutteuses ; enfin le manque
d'air détermine la constipation et d'autres maladies in-
flammatoires. Toutes ces influences fâcheuses doivent
donc être écartées, et il faut, en outre, prendre des dispositions pour mettre la volaille hors des atteintes de tous
les animaux qui lui font la guerre.

La volaille s'éveille de bonne heure et a besoin de chaleur ; aussi les expositions de l'est et du midi sont les seules
qui lui conviennent. Afin de pouvoir rafraîchir le poulailler
pendant les chaleurs de l'été, il est nécessaire d'y ménager des ouvertures de différents côtés et surtout au

(1) L. Bouchard. *Traité des Constructions rurales*, t. I, p. 92 et 141.

nord. Ces ouvertures doivent être garnies de châssis vitrés, ainsi que de treillages en fil de fer, à mailles assez serrées pour interdire aux souris l'accès du poulailler.

Les poulaillers doivent toujours être construits en maçonnerie d'une assez forte épaisseur, en pierres, en moellons ou en briques; posés à pleins joints de bon mortier, et parfaitement rejointoyés, afin de ne laisser aucun vide qui puisse plus tard livrer passage ou servir de nid aux rats et aux souris.

C'est dans le même but qu'il convient, quelles que soient d'ailleurs la solidité du terrain et l'importance du local, d'établir les murs à $0^m 40$ ou $0^m 50$ au-dessus du sol. Avec cette précaution, un pavage en carreaux de terre cuite, ou en briques posées à plat, sera suffisant.

Le sol du poulailler doit toujours se trouver au moins à $0^m 50$ au-dessus du sol extérieur. On peut même très-avantageusement l'établir au-dessus d'une autre construction, à une hauteur de deux mètres et même plus; on place alors des échelles aux ouvertures pour faciliter l'entrée et la sortie des poules.

Les juchoirs les plus simples et les meilleurs s'obtiennent au moyen de très-larges échelles, qui se posent contre les murs de manière à former avec eux un angle de 45 degrés (fig. 130), et dont les barres, bien arrondies, sont espacées de $0^m 50$ les unes des autres. On calcule la longueur totale des juchoirs d'après le nombre de poules que le poulailler peut contenir, et en assignant à chacune d'elles $0^m 20$ de juchoir.

On détermine la superficie de l'emplacement du poulailler, en comptant que l'on peut convenablement loger dix à douze poules par mètre carré.

Les nids doivent être placés de manière à pouvoir être facilement atteints par les poules. Quand le poulailler se trouve au rez-de-chaussée, on élève les nids à $1^m 20$ ou $1^m 50$ au-dessus du pavé, mais, s'il est établi au premier étage, ils peuvent se placer beaucoup plus bas; quelquefois les nids sont faits en planches, mais les

meilleurs sont ceux en osier ayant la forme d'un panier
(fig. 131 et 132). On les suspend tout simplement à un
crochet, ce qui rend leur enlèvement très-facile, et il convient de les recouvrir d'une planche en forme de toit,
afin que les pondeuses ne puissent pas être dérangées.
On remarque que les nids placés dans les endroits les
plus obscurs, sont les plus fréquentés.

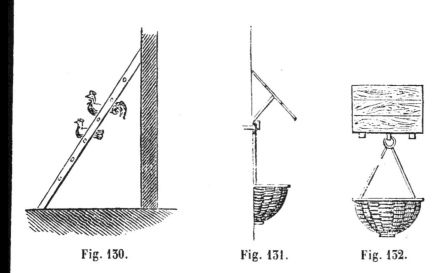

Fig. 130.   Fig. 131.   Fig. 132.

Les mangeoires varient beaucoup de forme ; les meilleures consistent dans de petits bacs en pierre, recouverts d'une espèce de toit, percé, sur chacune de ses
faces, d'ouvertures par lesquelles les poules passent la
tête et prennent leur nourriture sans la gaspiller.

L'abreuvoir le plus simple, quoique très-convenable,
consiste en une large pierre munie d'un creux de 0ᵐ10 de
profondeur au plus, dans lequel on ménage un trou,
fermé par une petite bonde, et qui rend le nettoyage de
l'auge fort facile.

Quand on construit un poulailler, il convient de
réserver un emplacement pour les *épinettes*.

On nomme épinettes des caisses de 0ᵐ20 de large
sur 0ᵐ30 de hauteur et autant de profondeur, dans
lesquelles on enferme la volaille destinée à l'engraisse-

ment (fig. 133 et 134). La partie antérieure de l'épinette
est fermée par une planchette à coulisse, percée d'une
ouverture suffisante pour que l'oiseau puisse passer la
tête, et prendre sa nourriture dans un bac qui est placé
en dehors et devant l'épinette. La fig. 133 représente la
coupe d'une épinette à deux rangs de caisses, et la fig. 134
en donne le plan. Ces épinettes, que l'on nomme aussi
chartreuses, sont connues et employées partout, même
dans un grand nombre de maisons bourgeoises.

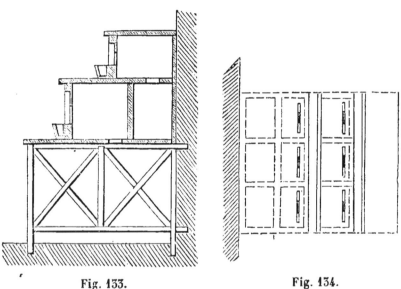

Fig. 133.   Fig. 134.

Dans une basse-cour proprement dite, la cour qui lui
est assignée doit être pourvue d'une mare assez grande
pour que les canards puissent y nager ou, tout au moins,
y barbotter; une petite fosse, remplie de sable ou de
cendres, où les poules aiment à se vautrer pour se rafraîchir et se débarrasser de la vermine qui les incommode pendant les chaleurs, y est également nécessaire.
On pourra aussi, avec avantage, placer, dans une simple
dépression du sol, du fumier de cheval que les poules
s'amuseront à gratter. Enfin, il convient encore d'y planter
quelques arbres et d'y élever un hangar où les oiseaux

puissent se garantir momentanément du soleil et de la pluie.

Nous donnons ci-joints (fig. 135, 136 et 137) les plan,

Fig. 135.

Fig. 136.

coupe et élévation d'une basse-cour complète, dont la disposition nous semble heureuse. Elle ne peut, sans doute, convenir qu'à une exploitation d'une très-grande importance, mais il sera facile, soit d'en réduire les proportions, soit d'utiliser les dispositions que l'on jugera avantageuses.

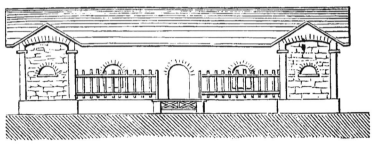

Fig. 157.

Les dindons, comme on sait, réclament des soins tout spéciaux, aussi convient-il de leur affecter une chambre particulière, dont l'étendue est calculée à raison d'un mètre carré pour quatre dindons. Les juchoirs doivent être espacés de 0^m 75, et les nids mis en rapport avec le volume de ces oiseaux.

Leur local doit être tenu très-chaud pendant l'hiver, surtout pour les jeunes dindonneaux. Quand ceux-ci *ont poussé leur rouge*, ils peuvent même jucher en plein air. A cet effet, on plante dans la cour une haute perche sur laquelle on implante des juchoirs, et parfois même on y place tout simplement une vieille roue, dont les rais servent alors de perchoirs.

Lorsque le poulailler est établi au premier étage, le rez-de-chaussée peut très-bien servir de logement aux canards.

Les canards, de même que les oies, peuvent loger en commun. Les dimensions de l'emplacement attribué à ces oiseaux sont calculées à raison de 1 mètre carré pour huit canards. Il faut une surface double pour loger le même nombre d'oies.

Toutes les portes doivent être pourvues de bonnes serrures, et les clefs rester aux mains de la fermière qui, habituellement, a, dans ses attributions, l'administration du poulailler et de la basse-cour.

§ 12. — *Colombiers.*

On nomme indistinctement *pigeonnier* ou *colombier* le local destiné aux pigeons. Dans les exploitations ordinaires, il consiste en une petite chambre établie au-dessus du poulailler, de la porte d'entrée, ou en tout autre endroit de la ferme. Dans les grandes exploitations, on lui assigne souvent un local spécial, affectant parfois la forme d'une tour carrée, ronde ou octogone.

Les nids ou *boulins* dont on garnit l'intérieur du colombier, à partir de 1ᵐ00 au-dessus du sol, sont des cases ayant 0ᵐ20 de côté, en planches ou en osier, ou bien construites en carreaux de terre cuite posés au plâtre.

Le sol du pigeonnier doit être solidement pavé en carreaux ou en briques posés avec du bon mortier de chaux, mélangé de verre pilé, afin de prévenir l'invasion des rats qui sont très-friands de jeunes pigeonneaux.

Il est nécessaire que le pigeonnier soit parfaitement bien aéré et proportionnellement plus vaste que pour les autres oiseaux domestiques. La meilleure manière d'aérer le pigeonnier consiste à réserver, au midi ou au levant, deux ouvertures placées l'une au-dessus de l'autre. L'une d'elles, placée presqu'au niveau du sol, est fermée d'un volet dans lequel est ménagé un passage pour les pigeons ; l'autre, beaucoup moins grande, est située immédiatement au-dessous de la toiture. Grâce à ces deux ouvertures, il s'établit un courant d'air qui assure la salubrité du local, tout en y maintenant cependant, condition essentielle, une douce température.

En face du passage réservé aux pigeons, on établit toujours une espèce de tablier ou, tout au moins, des juchoirs, où les oiseaux peuvent se poser à leur rentrée et à leur sortie. Les ouvertures doivent pouvoir se fermer pendant la nuit. Celle par où sortent et rentrent les pigeons est souvent munie d'une porte à coulisse, sinon elle se ferme au moyen du tablier que l'on relève à la façon d'un pont-levis.

On construit aussi de petits colombiers en bois. Il faut leur donner assez de solidité pour que l'on puisse y monter à l'aide d'une échelle, que l'on aura toujours soin d'enlever après·chaque visite. On défend l'accès du pigeonnier aux animaux nuisibles, au moyen d'une couronne de longs clous à deux pointes A, placés comme on le voit dans la fig. 138, qui représente un de ces pigeonniers.

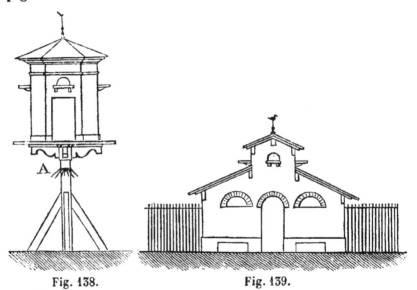

Fig. 138.   Fig. 139.

La figure 139 donne l'élévation d'un colombier placé au-dessous d'un poulailler. Cette disposition convient aux fermes de moyenne étendue. Dans la figure 140 on voit un colombier beaucoup plus grand, placé au-dessus de la porte d'une écurie ou de tout autre bâtiment.

Il est des colombiers où les pigeons se plaisent et produisent beaucoup, tandis qu'il en est d'autres où ils ne font rien et qu'ils finissent même par abandonner. Cela tient souvent à un mauvais emplacement, car celui-ci doit toujours être élevé et tranquille, d'autres fois à un défaut de soin. Il est à remarquer, en effet, que ces oiseaux aiment beaucoup la propreté, et qu'ils se plaisent surtout dans les pigeonniers blanchis à la chaux. Il convient de nettoyer ceux-ci souvent, et de les blanchir à l'intérieur une ou deux fois par an.

Fig. 140.

L'entrée du pigeonnier, comme·celle du poulailler, doit être fermée à clef et, autant que possible, située en vue de l'habitation.

§ 13. — *Granges.*

Dans les pays du Nord, les céréales, ne pouvant pas être battues au moment de la moisson, doivent être emmagasinées jusqu'au moment du battage. On fait, dans ce but, usage de granges et de meules. On a fait à celles-ci beaucoup de reproches, mais l'expérience atteste suffisamment que quand elles sont bien construites, les céréales s'y conservent tout aussi bien, et même parfois mieux que dans les granges. Il n'est donc pas indispensable de construire ces vastes et coûteuses granges, que l'on voit, en si grand nombre, dans les parties du pays où les céréales occupent une large place dans les assolements.

L'adoption des meules permet de réaliser de notables économies dans les frais de construction. Mais, quand on se décide à en faire usage, il faut avoir soin d'en confier la confection à des hommes connaissant bien leur métier, sinon l'on expose sérieusement les produits.

Les circonstances obligent assez souvent les cultivateurs à élever, au moins une partie de leurs meules, au milieu des champs. Quand rien n'empêche de les placer près des bâtiments, il faut les installer à proximité du local où doit avoir lieu le battage, en prenant, bien entendu, toutes les précautions propres à les mettre à l'abri des chances d'incendie et à les protéger contre la malveillance. L'usage des meules n'exclut pas celui des granges, mais il permet d'en réduire la capacité. Celle-ci doit être suffisante pour pouvoir contenir, au minimum, les produits d'une meule.

Dans le cas où l'on fait exclusivement usage des granges, il faut nécessairement leur donner des dimensions qui permettent d'y emmagasiner toutes les céréales produites sur le domaine. On ne peut à cet égard fournir de données précises, mais chacun résoudra aisément la question pour les circonstances particulières où il est placé. En effet, il n'est pas difficile de déterminer l'emplacement nécessaire pour loger un nombre donné de gerbes des diverses espèces de céréales; et une fois cela fait, il suffit d'estimer approximativement le produit des terres de l'exploitation, pour être à même de fixer, avec l'exactitude suffisante, la capacité que l'on doit donner à la grange.

Les granges doivent toujours être assez élevées et leurs portes assez larges pour que les voitures puissent y pénétrer sans difficulté. Les portes ont généralement de 5 à 6 mètres de hauteur sur 3 à 5 mètres de largeur.

Les murs des granges exigent toujours une grande épaisseur, attendu qu'ils doivent résister à la poussée des gerbes et supporter le poids de la charpente, toujours considérable à cause de l'étendue des combles.

Un sol sec, parfaitement durci aux endroits qui doivent servir d'aires pour le battage des grains, est tout à fait indispensable.

Dans les petites fermes, les granges sont quelquefois simples, c'est-à-dire qu'elles ne possèdent qu'une seule entrée. Une semblable disposition est incommode, car les voitures doivent nécessairement entrer à reculons, ce qui est fort difficile quand la cour a peu d'étendue. Aussi n'est-elle pas admissible dans les fermes de quelque importance, et l'on doit alors accorder la préférence aux granges pourvues de deux portes, placées l'une en face de l'autre et offrant ainsi un passage aux voitures.

Les granges sont dites à *passage transversal*, quand l'aire qui sert de chemin aux voitures traverse le bâtiment d'une façade à l'autre (fig. 141). Dans la grange représentée par la figure 82, le comble est soutenu par quatre fermes AAAA, et l'intérieur se trouve divisé en cinq compartiments ou travées, dont quatre servent à l'emmagasinage des gerbes, et celui du milieu d'aire et de passage.

Quand les granges comptent plus de cinq travées, on y ménage ordinairement plusieurs passages, afin de faciliter le déchargement des voitures (fig. 142).

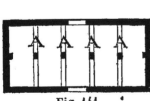

Fig. 141.

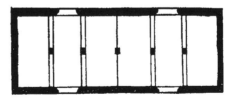

Fig. 142.

On donne le nom de *granges à passage longitudinal*, à celles où l'aire, et conséquemment le passage, coupe toutes les travées, et va d'un pignon à l'autre où sont placées les deux portes (fig. 143 et 144).

Dans certaines granges bâties sur des terrains élevés

et parfaitement secs, les travées destinées à recevoir les
gerbes sont creusées à 0ᵐ50 et même jusqu'à 1 mètre en

Fig. 143.

contre-bas du sol, afin d'en augmenter la capacité. C'est
une disposition qui ne doit être admise qu'avec beaucoup
de circonspection ; partout où l'humidité est à craindre,
au lieu de creuser le sol, il faut l'exhausser de 0ᵐ40 à
0ᵐ50 et même à 0ᵐ60, car les gerbes ne doivent jamais
être en contact avec l'humidité, et il·faut avoir soin de
n'employer pour le remblai que des matériaux non sal-
pêtrés. Quant aux passages, ils ne peuvent, bien entendu, être élevés que très-peu au-dessus du niveau du
sol extérieur.

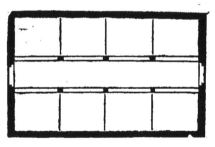

Fig. 144.

Il est des personnes qui pensent, et avec raison, que
les granges ne doivent pas avoir de fenêtres, attendu que
celles-ci laissent pénétrer la neige, les oiseaux, qu'elles
peuvent même livrer passage à des malfaiteurs, et que,
dans tous les cas, elles constituent toujours un danger
pour le feu. Néanmoins, il est convenable que les granges
soient pourvues de quelques ouvertures, petites, rappro-
chées de la toiture, qui peut alors les garantir contre la

pluie, et donnant de préférence sur la cour. Ces ouvertures doivent être garnies de volets solides et d'un treillis
en fil de fer. La figure 145 donne une idée de la disposition de ces ouvertures.

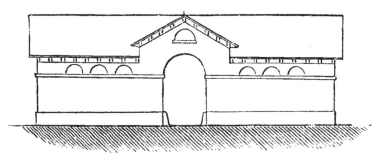

Fig. 145.

Quand on désire faire usage du battage mécanique, il
faut nécessairement construire la grange de manière à
pouvoir y établir la machine et en assurer le service.
Quant au manége, on le place habituellement en dehors
de la grange, et l'on peut très-bien le loger dans un avant-
corps, comme l'indique la figure 146.

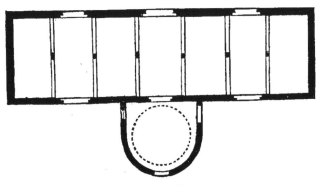

Fig. 146.

L'emplacement réservé à la machine et au manége est
naturellement déterminé par les dimensions des appareils
dont on désire faire usage.

§ 14. — *Greniers*.

On donne le nom de *grenier* à l'emplacement où l'on emmagasine les grains. Habituellement, on utilise pour cet objet le comble des bâtiments, mais, parfois aussi, on y consacre une ou plusieurs pièces au-dessus du rez-de-chaussée. Dans tous les cas, la charpente qui soutient le plancher des greniers, doit toujours offrir une grande solidité, car elle est destinée à supporter des charges parfois considérables. Le poids du grain peut s'élever jusqu'à 80 kilogrammes l'hectolitre, soit 800 kilogrammes par mètre cube. Ainsi, en supposant que le plancher soit recouvert d'une couche de grain de 0^m50, cela donnerait le poids considérable de 400 kilogrammes par mètre de surface, soit, déduction faite des passages réservés, une charge d'environ 50,000 kilogrammes pour un grenier de 8 mètres sur 10.

Le grain emmagasiné craint également la chaleur et l'humidité, et, comme il n'est jamais entièrement sec au moment de son emmagasinage, il est de toute nécessité d'établir une bonne ventilation et de percer les ouvertures principales du côté du nord, d'où viennent surtout les vents secs et froids.

Les planchers doivent toujours être parfaitement joints et, de préférence, construits en planches de chêne. Quelques années après leur placement, il est nécessaire de les faire lever et resserrer, afin de faire disparaître les joints que le retrait inévitable du bois aurait pu occasionner. On se contente parfois de recouvrir les joints de baguettes en bois ou de bandes de zinc, mais ce procédé n'est nullement recommandable; en effet, les premières gênent beaucoup le pelletage du grain, et les secondes se détachent au bout de fort peu de temps. Il est nécessaire de donner aux portes d'entrée une hauteur suffisante pour qu'un homme puisse y passer facilement avec un sac sur la tête. Il faut au moins 2^m20 de hauteur sur 0^m80 à 0^m90 de largeur. Cette observation, bien entendu, s'applique aux portes et aux escaliers par où doivent passer les porteurs pour arriver au grenier.

Afin d'empêcher les oiseaux granivores d'entrer dans les greniers, on garnit les croisées de treillis, de même que l'on revêt soigneusement le tour du plancher d'une plinthe de mortier de chaux au verre pilé, pour mettre les grains autant que possible à l'abri des rats et des souris.

Quand on construit des magasins spéciaux, il n'est pas nécessaire de leur donner une hauteur de plus de 2m20 à 2m30. Elle est tout à fait suffisante.

Dans aucun cas, les magasins destinés à la conservation des grains ne peuvent être établis au rez-de-chaussée, et il faut également s'abstenir de les placer au-dessus des étables et écuries, où ils peuvent être exposés à l'influence pernicieuse d'émanations chaudes et humides, ainsi que de mauvaises odeurs.

§ 15. — *Grenier vertical.*

Les grains étant imparfaitement secs au moment de leur emmagasinage, on ne peut les mettre qu'en couches peu épaisses, ne dépassant pas 0m40 à 0m50, afin qu'ils puissent sécher au contact de l'air. Il faut donc nécessairement avoir à sa disposition une surface très-grande pour pouvoir les placer. D'un autre côté, afin d'éviter l'échauffement et l'altération des grains, il est indispensable d'activer leur aération par le pelletage. Dans le but de faciliter l'opération, on a imaginé divers appareils, et nous croyons devoir mentionner ici le grenier vertical de sir John Sinclair.

La figure 147 représente l'élévation de ce grenier, qui a 10 à 11 mètres de hauteur sur 4 mètres environ de largeur et autant de profondeur. Les murs ayant à résister à une très-forte pression, doivent offrir une épaisseur suffisante et être construits avec beaucoup de soin. A sa partie supérieure, le grenier présente une croisée avec balcon et *tire-sac* : on y arrive au moyen d'une échelle, et c'est par cette ouverture que l'on introduit les sacs de grains.

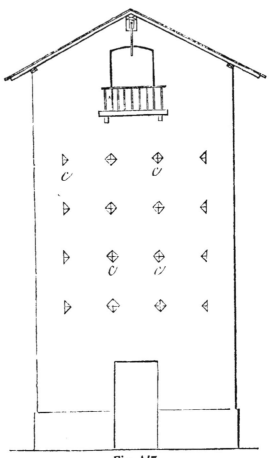

Fig. 147.

L'élévation montre également des ouvertures en losange C C C, au nombre de seize, espacées les unes des autres d'environ un mètre, et qui existent en nombre égal sur le mur opposé. Ces ouvertures sont placées en face l'une de l'autre et servent à l'aération du grain; elles sont mises en communication par une espèce d'auget formé par deux planches de 0m15 de largeur et assemblées à angle droit (*a a a*, fig. 148). D'autres augets, reliant entre eux les deux autres murs du grenier, coupent les premiers à angle droit, et l'on obtient de la sorte une énergique ventilation de la masse de grains emmagasinés.

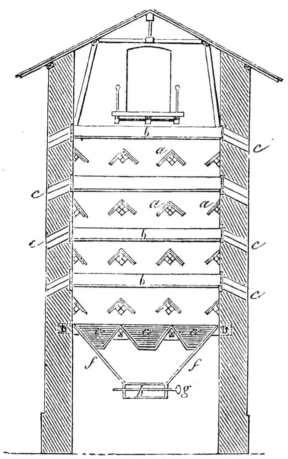

Fig. 148.

Afin qu'elles ne livrent passage à la pluie et à la neige, les ouvertures pratiquées dans les murs ne sont pas horizontales, mais inclinées, ainsi que cela se voit dans la figure 148. Elles sont garnies d'un tissu métallique très-serré, destiné à empêcher l'entrée des oiseaux et des insectes dans le grenier. La coupe horizontale, figure 149, montre la disposition des augets dont il vient d'être question.

La masse de grains repose sur une espèce de plancher

situé à 2ᵐ50 du sol, et formé par neuf trémies (*e e e*,
fig. 148, et 1 à 9, fig. 150), disposées sur trois rangées,
qui se dégorgent dans une trémie générale *f f*. Celle-ci
est fermée par une trappe à coulisse *g*, destinée à donner

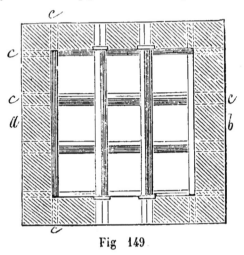

Fig 149

issue au grain. Il suffit, on le comprend, d'ouvrir cette
trappe pour mettre toute la masse de blé en mouvement
et la soumettre au tamisage de l'air, qui s'introduit par
les ouvertures dont nous avons fait mention plus haut.

Fig. 150.

Ce grenier pourrait, sans doute, recevoir quelques
modifications avantageuses, mais il est certain que les

dispositions en sont fort ingénieuses, et permettent d'aérer et de remuer le blé d'une façon économique.

§ 16. — *Fruitier.*

Le plus simple et peut-être le meilleur des fruitiers, est une cave bien sèche, et assez profonde pour conserver une température à peu près constante entre 8 et 12 degrés centigrades, résultat que l'on obtient assez facilement au moyen de soupiraux bien distribués et garnis de volets.

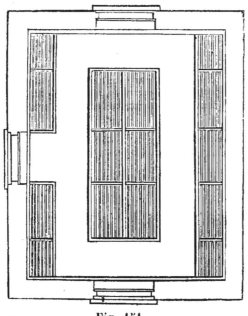

Fig. 151.

A défaut de cave, on peut faire usage, à cet effet, d'une pièce enfoncée de quelques décimètres en contrebas du sol, ou même, tout simplement, située au rez-de-chaussée, dont les murailles soient suffisamment épaisses, et les ouvertures exposées à l'est ou au sud-est et garnies de châssis pouvant fermer hermétiquement, ainsi que de persiennes ou de rideaux susceptibles de procurer une demi-obscurité.

Le local choisi pour servir de fruitier doit être garni
de tablettes où il soit possible de ranger les fruits sans
qu'ils se touchent. Les figures 151 et 152 donnent le plan
et l'élévation d'un fruitier garni de tablettes à claires-
voies.

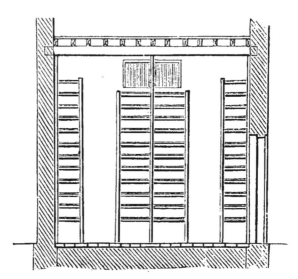

Fig. 152.

Dans certains fruitiers, les tablettes sont à tiroir; cette
disposition est avantageuse, car elle permet d'examiner
les fruits d'une manière très-facile.

Tout fruitier établi dans de semblables conditions sera
d'un bon usage, si l'on prend les précautions nécessaires
dans la cueillette des fruits, ainsi que dans leur arrangement, et si l'on déploie une surveillance convenable.

On ne doit jamais placer le fruitier dans le voisinage
de la laiterie, car ce voisinage est également nuisible aux
fruits et au laitage.

Quand les fruits sont emmagasinés, ils suent; aussi
faut-il avoir soin de se ménager des moyens de ventilation
pour expulser l'humidité qui en provient, et qui, sans
cette précaution, pourrait exercer sur leur conservation
l'influence la plus fâcheuse.

§ 17. — *Laiteries.*

Les laiteries reçoivent différentes destinations, et celles-ci règlent leur construction.

Aux environs des villes, le fermier trouve souvent plus d'avantages à vendre son lait qu'à le convertir en beurre ou en fromage. Il n'a besoin alors que d'une laiterie proprement dite, c'est-à-dire d'un local frais où il puisse conserver le lait pendant 24 heures au plus ; et, en pareil cas, une cave placée sous son habitation peut souvent lui suffire. Mais, quand les circonstances l'obligent à conserver son lait et à le transformer en produits d'un transport plus facile, la laiterie doit avoir une disposition spéciale.

La laiterie, soit qu'elle fasse partie d'un autre bâtiment, ou qu'elle soit isolée, doit toujours être exposée au nord et abritée du côté du midi.

Une bonne laiterie, dont la figure 153 représente l'intérieur, doit être établie de manière à pouvoir conserver une température aussi constante que possible, et qui ne dépasse pas 14° pendant l'été ; pendant l'hiver, elle ne doit pas descendre au-dessous de 8° à 10°. Cette condition s'obtient en donnant aux murs une grande épaisseur, et en établissant la laiterie en contre-bas du sol, chaque fois que l'on peut obtenir un écoulement pour les eaux du lavage. Dans le dernier cas, les laiteries sont de véritables caves. Il est beaucoup de fermes où elles sont voûtées, et c'est là une disposition fort recommandable.

Les fenêtres de la laiterie, toujours placées au nord, ou bien à l'est, ne doivent jamais avoir de grandes dimensions ; à l'intérieur, elles sont garnies d'un châssis vitré mobile, et, à l'extérieur, d'un treillis fixe à mailles serrées et de volets.

La porte de la laiterie qui, bien entendu, ferme à clef et hermétiquement, est ordinairement double. En pareil cas, la première est à panneau plein, et la seconde à claire-voie, afin de pouvoir aérer le local quand le besoin s'en fait sentir. On garantit la laiterie de l'invasion des

Fig. 155.

insectes, en adaptant aux ouvertures un canevas ou toile
d'un tissu peu serré.

Les laiteries exigent la plus grande propreté, aussi faut-il que les murs soient recrépis soigneusement et le sol carrelé, ou, ce qui vaut encore mieux, pavé en dalles de pierre dure ; il faut également y ménager des rigoles et une pente qui permettent d'évacuer aisément les eaux.

Dans le cas où l'on est obligé d'avoir recours à un puisard pour se débarrasser des eaux, il faut avoir soin de ne pas l'établir dans la laiterie même, car il pourrait devenir une source de mauvaises odeurs dont les produits du laitage auraient à souffrir.

Afin d'assurer la parfaite aération de la laiterie, on peut aussi y ménager une cheminée d'aérage, munie d'une soupape, afin de pouvoir la fermer à volonté.

Dans les laiteries où l'on ne pré-pare que du beurre, deux pièces sont suffisantes, mais quand on doit y fabriquer aussi du fromage, une troisième devient tout à fait indispensable.

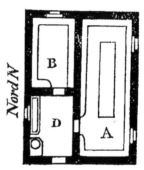

Fig. 154.

La figure 154 donne le plan d'une laiterie où l'on se livre à la production du beurre. A est la laiterie proprement dite, garnie de tables et de tablettes ; B est le compartiment au beurre, où des tablettes sont également placées ; C, un vestibule servant de laverie pour les ustensiles ; D, une chaudière montée en maçonnerie, et, dans les petites fermes, placée dans le fournil où elle sert à divers usages.

Une eau bien propre est absolument indispensable dans la laiterie, et l'on ne doit pas, quand cela est possible, négliger de tirer parti des eaux de source. Celles-ci peuvent servir alors à refroidir le lait pendant les grandes chaleurs. En pareil cas, la table à claire-voie, qui fait ordinairement le tour de la laiterie, est remplacée par un bac en pierre (fig. 155), de 0m40 de large sur 0m14 à 0m15 de profondeur, où l'on fait arriver l'eau et où l'on dépose les vases à lait. Quand on peut disposer le bac de manière à y établir un filet d'eau cou-

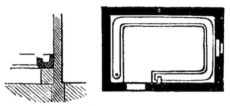

Fig. 155.

rante, il ne faut pas y manquer, surtout dans les laiteries importantes.

§ 18. — *Caves.*

La première et la principale qualité d'une cave, c'est de pouvoir conserver en toute saison une température constante de 10° à 12°; la seconde, c'est d'être sèche.

Toute cave exposée au nord, creusée à une profondeur d'environ 4 mètres dans un terrain sec, revêtue d'une bonne maçonnerie et voûtée en briques, remplira, à coup sûr, ces deux conditions.

Dans les terrains moins favorables, il est toujours permis d'éviter l'humidité au moyen de bonnes et épaisses murailles en pierres dures ou en briques, très-fortement cuites, posées au mortier hydraulique, et l'on recouvre le sol d'une épaisse couche d'argile bien battue, que l'on peut, à son tour, recouvrir d'une couche de béton.

Les soupiraux sont plus ou moins nombreux et plus ou moins grands, mais il est nécessaire de les garnir de volets, pour pouvoir combattre la température extérieure. Quand la nature du sol ne permet pas de creuser les caves à une profondeur suffisante, si, par exemple, on ne peut pas aller à plus de 1^m50 à 3^m00, il convient d'exhausser le rez-de-chaussée, afin de pouvoir donner aux voûtes une hauteur suffisante, et de recharger, si c'est possible, le pourtour du bâtiment de bonne terre, afin d'obtenir une profondeur artificielle.

On craint parfois de donner aux caves une grande profondeur, mais une semblable crainte n'est pas fondée. On trouve, en effet, en certains endroits, des caves qui ont jusqu'à trois étages, 10 mètres de profondeur, même plus, et qui sont, cependant, parfaitement saines; seulement, elles présentent l'inconvénient d'être d'un usage fatigant.

§ 19. — Celliers.

On nomme *cellier* une espèce de cave qui n'est ordinairement enfoncée dans le sol que de quelques décimètres, et dont la profondeur est rarement de plus d'un mètre.

Les celliers servent de dépôt aux provisions de consommation journalière. On peut y conserver des légumes, des fruits, et même, en usant de précautions, y établir une laiterie. On éclaire le cellier par des croisées garnies de châssis vitrés et de forts treillis.

§ 20. — Glacières.

On considère généralement la glacière comme un objet de luxe; cependant les avantages qu'on en retire pendant l'été, non-seulement pour rafraîchir les boissons, mais encore pour conserver les viandes et d'autres denrées, lui donnent de l'utilité à la campagne. Au reste, pour peu que les circonstances s'y prêtent, la construction n'en est pas très-dispendieuse.

Rozier, cité par M. de Perthuis, établit que pour obtenir les qualités requises pour une bonne glacière, on doit choisir un terrain sec, peu ou point exposé au soleil. «On y creuse, dit-il, une fosse A, de quatre à cinq mètres de diamètre par le haut, et finissant en bas comme un pain de sucre renversé, dont la pointe aurait été tronquée.

Sa profondeur ordinaire est d'environ six mètres. Plus une glacière est profonde et large, mieux la glace s'y conserve (fig. 156 et 157).

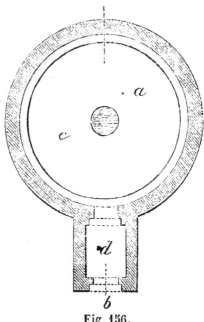

Fig. 156.

» Il est bon de revêtir cette fosse depuis le bas jusqu'au haut, d'un petit mur de moellons, de deux à trois décimètres d'épaisseur, bien enduit avec du mortier, et de percer, dans le fond, un puits C, de soixante-six centimètres de diamètre et d'un mètre un tiers de profondeur. On garnit ensuite le dessus de ce puits d'un grillage de fer pour laisser passer l'eau qui s'écoule du massif de glace.

» Au lieu du mur dont on vient de parler, quelques-uns revêtent la fosse A d'une cloison de charpente, garnie de chevrons lattés, et font descendre la charpente jusqu'au fond de la glacière, où ils pratiquent un petit puits pour l'écoulement de l'eau.

» Si le terrain où est creusée la glacière est bon et bien ferme, on peut se passer de charpente, et mettre la glace dans le trou sans rien craindre; mais il faut toujours garnir le fond et les côtés avec de la paille, afin que la glace ne soit pas en contact immédiat avec le terrain de la fosse.

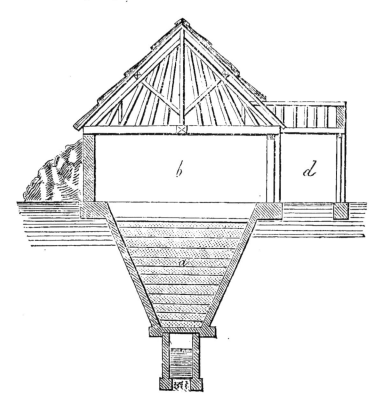

Fig. 157.

» On recouvre le dessus B de la glacière en paille, attachée sur une charpente élevée en pyramide, de manière que le bas de cette couverture pende jusqu'à terre.

» L'entrée de la glacière, toujours tournée vers le nord, sera précédée d'un vestibule D, de 2ᵐ00 à 3ᵐ00 de long sur 1ᵐ20 de large. Ce vestibule, également couvert en paille, sera fermé de deux portes, l'une extérieure en bois, épaisse et parfaitement ajustée, l'autre, intérieure, garnie d'une forte épaisseur de paille. C'est dans cet endroit que l'on conservera très-facilement les viandes, etc. »

Cette glacière, décrite d'après Rozier, est d'une extrême simplicité et déjà d'un très-bon usage, mais elle
doit être construite sur d'assez grandes proportions. Si
donc on voulait en construire une plus petite, on serait
obligé d'y apporter quelques changements, sans quoi il
serait à craindre que la masse de glace ne fût pas suffisante pour maintenir la glacière à la température voulue.
A cet effet, on doit voûter la fosse de la glacière, comme
l'indique la fig. 158. EE est le niveau du sol extérieur;
A, le vestibule; B, la glacière voûtée; C, le puits pour
l'écoulement des eaux, et D, un plancher sur lequel repose
le premier lit de glace, et qui a pour objet de la préserver
de l'humidité.

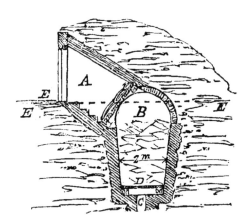

Fig. 158.

Une glacière, pour être bonne, doit pouvoir contenir au
moins 4,000 kilogrammes de glace. Elle doit, en outre,
être entourée d'une rigole qui en écarte l'humidité, et
être bien abritée des rayons du soleil. Il est à remarquer
que la glace ne se conserve jamais la première année,
et quelquefois très-imparfaitement la seconde, ce qui
n'empêche pas la glacière d'être excellente par la suite.
Quoique les glacières ordinaires que nous venons de
décrire soient les plus usitées et reconnues les meilleures,
nous croyons cependant devoir dire quelques mots des

glacières américaines, qui se construisent d'après un tout autre principe. Elles ont été inventées par M. Bordley, auteur des *Essays and notes on husbandry and rural affairs*. Ayant construit en 1771, dans la péninsule de la Chesapeack aux États-Unis, une glacière qui ne put servir à cause de son humidité, il conçut l'idée d'en construire une autre susceptible d'être débarrassée de l'air humide par la ventilation. Laissons parler M. Bordley lui-même.

« Quelques années après, dit-il, je fis une autre glacière à 150 yards (137 mètres) de la précédente, mais je procédais d'après d'autres principes. Mon principal but fut d'avoir de l'air et de la ventilation, afin d'obtenir *sécheresse* et *fraîcheur*, et je conçus l'idée d'isoler du terrain la masse de glace, en la mettant dans une caisse de bois A (fig. 159 à 161), éloignée d'un pied (mesure anglaise) par en bas, et de deux pieds à deux pieds et demi par en haut de la clôture de la glacière. La fosse fut creusée dans un lieu exposé au soleil et au vent, afin de la rendre bien sèche. La profondeur fut de neuf pieds.

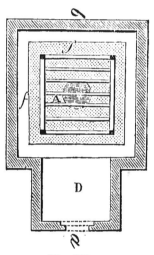

Fig. 159.

La cage fut placée dans cette fosse et le vide F, entre les parois et celles de la cage, fut rempli avec de la paille bien sèche et bien foulée, comme étant le plus mauvais conducteur de la chaleur.

» Cette cage contenait à peine 700 pieds cubes de glace, c'est-à-dire la moitié des glacières ordinaires. Je la couvris d'une petite cloison de planches B, mal jointes, pour la préserver de la pluie plutôt que pour la clore. Les côtés de cette maison étaient élevés de cinq à six pieds, et je laissai au faîte du toit un soupirail recouvert. Le dessus de la cage fut aussi recouvert de paille, après avoir été rempli de glace. On usa largement et sans économie des 700 pieds cubes de glace, et, cepen-

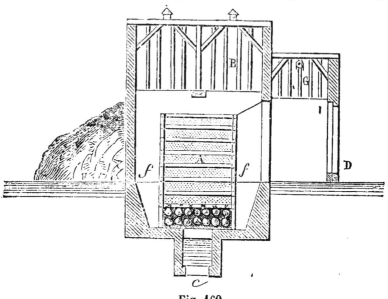

Fig. 160.

dant, elle dura, sans se fondre, aussi longtemps que la quantité double de la glacière d'*Union street* à Philadel-

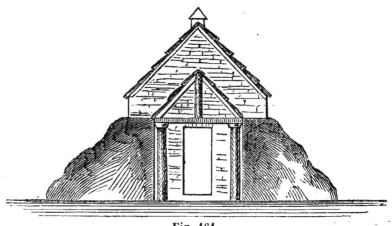

Fig. 161.

phie, dont le terrain, élevé en tertre, est totalement sec et graveleux, mais qui est fermée suivant les principes ordinaires. »

M. L. Bouchard recommande cette glacière pour l'économie de sa construction, mais il la modifie en l'enterrant de toute la hauteur de la cage A. Cette modification nous paraît bonne.

Quel que soit le système que l'on adopte, on devra toujours avoir soin d'emplir la glacière pendant les gelées, afin que la glace n'y apporte pas d'humidité, ce qui aurait le double inconvénient d'augmenter le déchet et de souder les glaçons ensemble.

§ 21. — *Fournil.*

Le fournil est une pièce du rez-de-chaussée où a lieu la fabrication du pain, et où les appareils nécessaires à cette préparation se trouvent réunis. Ceux-ci consistent en une chaudière, un pétrin servant au travail de la pâte, une table à dresser le pain et des rayons pour les déposer après la cuisson. Indépendamment des ustensiles de panification, le fournil doit aussi pouvoir contenir le bois nécessaire au chauffage, quelques tonnes à farine, un coffre pour le pain, etc. Il importe dès lors de lui donner des dimensions suffisantes pour qu'il puisse complétement remplir sa destination. Au reste, dans beaucoup d'exploitations, le fournil sert aussi de buanderie et de local pour la préparation de la nourriture des bestiaux. Le pavé du fournil doit être solidement construit et, de préférence, en dalles de pierre dure.

La capacité du four se détermine d'après la quantité de pain que l'on veut y cuire à chaque fournée. Cette quantité doit être suffisante pour fournir à la consommation du personnel pendant six ou sept jours tout au plus, car, au bout de ce temps, le pain devient trop sec et parfois même se moisit.

Le four est de forme circulaire ou elliptique, et se place ordinairement dans un des angles du fournil (fig. 162), la bouche tournée au jour. La partie du fournil qui fait face à l'ouverture du four, doit toujours rester parfaitement libre, afin que rien ne gêne les mouvements de la personne chargée de chauffer le four et d'enfourner le pain. La chaudière peut être placée à côté du four, et l'on aura soin d'installer le pétrin dans un endroit bien éclairé.

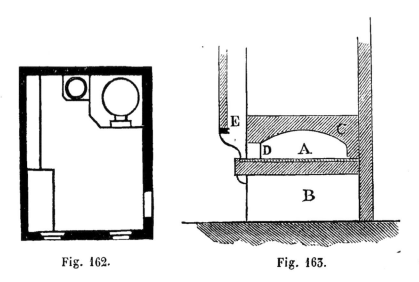

Fig. 162.   Fig. 163.

Le four doit toujours être établi sur bonnes fondations comme le reste du bâtiment. On y distingue l'*âtre* ou *sole* A (fig. 163), qui est l'aire sur laquelle on pose les pains destinés à subir la cuisson. On l'établit ordinairement sur un réduit voûté B, que l'on nomme *cendrier*, où l'on dépose le bois de chauffage, les braises, etc. On l'élève à 1ᵐ15 au-dessus du sol du fournil, et on le pave en carreaux de terre cuite, posés sur un lit de terre à potier. Quand l'âtre est achevé, on élève à 0ᵐ20 les murs intérieurs destinés à supporter la *voûte* ou *chapelle* C, que l'on nomme aussi le *dôme*, et qui doit être faite en briques de très-bonne qualité, ou en tuileaux posés à la terre à potier. Pour la maçonnerie extérieure, on fait usage du mortier ordinaire de chaux et de sable. D est la *bouche* ou entrée du four; elle doit être aussi petite que possible, et n'excéder que de très-peu la plus forte dimension des pains. En face de la bouche du four est placée une tablette, ou plutòt un seuil en pierre ou en fonte M, nommé *autel*, sur lequel on pose la pelle, quand on enfourne ou qu'on retire les braises.

Dans les grands fours, on réserve ordinairement sur les côtés de la porte qui ferme l'entrée du four, des ouvertures nommées *ouras*, mises en communication avec la cheminée **E**, et destinées à activer la combustion du bois. Afin d'écarter les chances d'incendie et de conserver la chaleur aussi complétement que possible, ce qui est une chose essentielle, il est nécessaire de donner une forte épaisseur à la maçonnerie qui sert d'enveloppe au four.

Le *dessus du four* ne peut, bien entendu, servir qu'à serrer des matières incombustibles. Il est fort facile d'y établir une étuve pouvant servir à la dessiccation des fruits ou à tout autre usage, mais il faut, afin d'éloigner tout danger d'incendie, la faire voûter.

Nous avons dit plus haut que la capacité du four se détermine d'après la quantité de pain que l'on désire enfourner chaque fois.

Voici les dimensions que l'on donne habituellement aux *fours* circulaires.

Diamètre du four.	Quantité de pains qu'il peut contenir en kilogrammes.
1ᵐ00	10 ou 12 kil.
1ᵐ50	20 »
2ᵐ00	40 »
2ᵐ50	60 »
3ᵐ00	80 »
3ᵐ50	120 »
4ᵐ00	160 »

Quant aux fours elliptiques, il est aisé d'en déterminer la capacité, dès qu'elle ne dépasse pas celle du tableau ci-dessus. Il suffit pour cela de prendre la moyenne entre le petit et le grand diamètre, et de voir, dans ce tableau, la capacité qui correspond à cette moyenne. Ainsi un four qui aurait 4ᵐ25 pour grand diamètre et 3ᵐ75 pour petit diamètre, ce qui donne une moyenne de 4ᵐ, pourrait servir à la cuisson de 160 kilogrammes de pain.

§ 22. — *Hangars.*

Les hangars sont des constructions fort simples, destinées à mettre les chariots, les charrues, les herses, etc., à l'abri de la pluie et du soleil. Parfois ils consistent en une toiture supportée par des poteaux ou des piliers en maçonnerie. Ce sont là les véritables hangars. Mais quand ils sont fermés sur trois de leurs faces, ils prennent le nom de *remises*. Celles-ci servent à abriter les voitures, et des appareils de prix ou d'une construction soignée.

Il est toujours convenable que l'un des côtés du hangar, au moins celui qui est exposé aux vents pluvieux, soit fermé, sinon par un mur, au moins par des planches solidement clouées sur de bons montants en charpente. Dans tous les cas, il convient de leur donner un développement suffisant pour que l'on puisse y abriter indistinctement tous les instruments de la ferme.

Si la ferme ne possède ni forge, ni atelier de charronnage, on peut très-bien adjoindre au hangar ou à la remise, une pièce où l'on puisse faire au moins les réparations essentielles aux instruments aratoires.

Les figures 164 et 165 donnent un modèle de remise

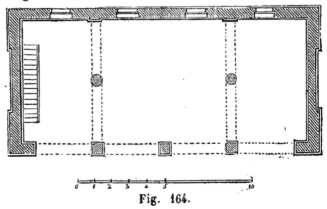

Fig. 164.

dont le dessus peut être utilisé comme magasin à fourrages ou à grains, chambre de domestiques, etc., etc.

Fig. 165.

L'une des travées peut être fermée et servir de sellerie.
Si les arcades sont ouvertes, il est convenable de leur

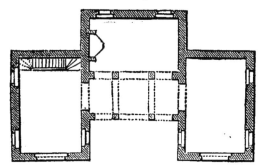

Fig. 166.

réserver l'exposition du nord, afin de les préserver en
même temps du soleil et de la pluie.

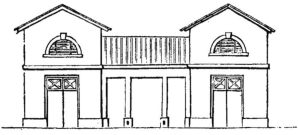

Fig. 167.

Les figures 166 et 167 donnent le plan et l'élévation

d'un autre bâtiment, renfermant forge, atelier de charronnage et sellerie. On peut également établir au-dessus
de cette contruction, soit des chambres de domestiques,
soit des greniers à fourrages.

Moyennant une très-légère modification, on peut aussi,
en plaçant la forge à l'une des ailes, réserver la partie
du milieu pour en faire une remise à une ou trois
travées.

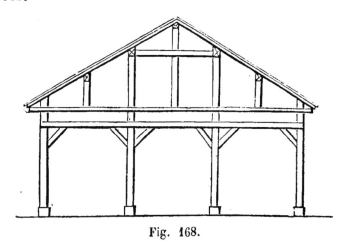

Fig. 168.

La figure 168 donne l'élévation d'un hangar très-convenable pour abriter les véhicules d'une ferme.

§ 23. — *Latrines.*

Les latrines servent de dépôt momentané aux déjections humaines. Elles sont un gage de propreté, tout en
procurant à l'exploitation un engrais précieux. Aussi ne
doit-on pas se borner à établir des latrines à portée de
l'habitation du fermier, il faut encore en placer dont
l'accès soit facile aux ouvriers et aux domestiques.

Les latrines sont fixes ou mobiles. Elles comprennent
un cabinet d'aisances et une fosse. C'est cette dernière
qui est fixe ou mobile.

Les fosses fixes se construisent à peu près comme les
citernes, seulement elles n'exigent pas autant de soins.

Cependant, elles doivent être bien étanches, afin d'empêcher les infiltrations et les déperditions de la partie fluide des excréments.

De même que pour les citernes, on préfère la forme circulaire comme plus solide et plus économique. Afin de faciliter la vidange, on donne au plancher une pente vers un des côtés, ou des côtés vers le centre. Il est très-utile de munir ces fosses fixes de cheminées d'aérage.

La grandeur des fosses peut se calculer d'après une moyenne de 3 hectolitres de déjections annuelles par habitant. Toutefois, il est convenable de donner à ces fosses des dimensions suffisantes pour pouvoir n'en faire la vidange que dans les temps froids.

Les récipients dont on fait usage comme fosses mobiles consistent en un simple baquet ou tinette à anses (fig. 169), ou en un tonneau de capacité variable (170).

Fig. 169.

Fig. 170.

Les tonneaux ont le grand avantage de pouvoir être transportés en dissimulant presque complétement la mauvaise odeur des déjections. La figure 171 montre un de ces appareils. Il consiste en un tonneau en fortes douves de bois dur, solidement cerclé en fer, muni à son fond supérieur d'une ouverture de 0^m20 de diamètre, dans laquelle s'emboîte le tuyau de conduite. Quand on

enlève le tonneau, on bouche cette ouverture avec un
tampon de bois, que l'on serre fortement au moyen de
l'armure en fer représentée en perspective et en coupe
géométrale dans les figures 171 et 172; ce tampon, bien
luté avec de la terre glaise, ne laisse échapper aucune
odeur.

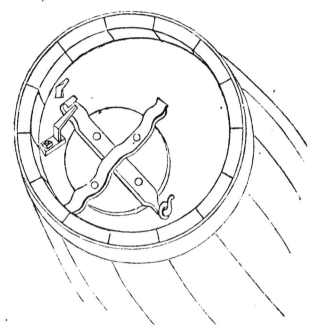

Fig. 171.

On peut quelquefois, pour les latrines établies dans
les diverses parties de la ferme, faire les fosses en plein

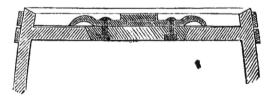

Fig. 172.

air, pourvu qu'elles soient suffisamment éloignées de
l'habitation pour ne pas incommoder par l'odeur qu'elles

répandent (fig. 173). Cependant, il est toujours préférable, ce nous semble, de faire usage dans ce cas de fosses mobiles.

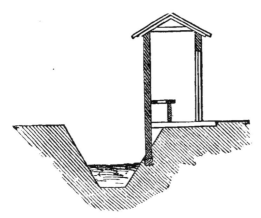

Fig. 173.

Dans les latrines destinées aux ouvriers, le siége est ordinairement remplacé par une simple traverse en bois ou par une dalle percée d'un trou ovale de 0^m 15 sur 0^{m}25. Aujourd'hui, on fait des lunettes en fonte sur lesquelles la place des pieds est marquée par deux petites banquettes qui obligent à s'y placer convenablement. La surface de ces banquettes est taillée en gaufrier, afin d'empêcher de glisser.

§ 24. — *Fosses à fumier, fumiers couverts, citernes à purin.*

Dans beaucoup de fermes, la fosse à fumier consiste en une simple excavation du sol, de quelques décimètres de profondeur. C'est avec raison que l'on blâme une semblable disposition, qui donne accès aux eaux pluviales répandues dans les cours, et qui, généralement, laisse perdre une grande partie des jus du fumier par infiltration. Dans des fosses de ce genre, les engrais perdent en quantité et en qualité; on ne saurait trop recommander aux cultivateurs de les abandonner.

Une chose essentielle dans une fosse à fumier, c'est que le fond en soit parfaitement étanche, de façon à éviter toute espèce de déperdition par infiltration. Ce résultat s'obtient par le pavage ou par un revêtement d'argile bien battue.

Les fosses à fumier établies avec soin sont circonscrites par des murs de trois côtés, quelquefois, de deux côtés seulement, afin de faciliter le chargement et la circulation des voitures. Les figures 174, 175 et 176 donnent le plan et les coupes longitudinale et transversale d'une semblable fosse à fumier. Le fond de cette fosse, revêtu d'un bon pavement, est formé, comme le montre la figure 115, par deux rampes assez douces, afin de faciliter la marche des attelages préposés au transport des fumiers.

Au-dessous on creuse bien souvent une fosse en maçonnerie, destinée à recevoir les jus du fumier (fig. 175). Cette fosse a beaucoup d'analogie avec les citernes construites pour les eaux pluviales. Seulement on peut la faire avec des matériaux plus grossiers. Elle doit être rendue aussi parfaitement imperméable que possible, et l'on y ménage une cuvette où l'on fait descendre le tuyau d'aspiration de la pompe qui sert à l'arrosement des fumiers.

La quantité de fumier produite annuellement dans chaque ferme, dépend du nombre de têtes de bétail que l'on y entretient et de la nourriture, ainsi que de la quantité de litière qu'on leur administre. On estime habituellement que cette quantité est égale en poids au double de la quantité de fourrages réduits à l'état sec et de paille, qui servent de nourriture et de litière aux animaux de la ferme.

Il faut veiller à laisser aux fosses une étendue suffisante pour ne pas être obligé de donner aux tas une hauteur qui dépasse 1^{m}50 à 2 mètres.

On a recommandé d'abriter les fumiers par des toitures ; mais, outre que les charpentes qui supportent ces

dernières sont coûteuses et se détériorent assez vite, il est
certain qu'elles ne sont nullement indispensables pour

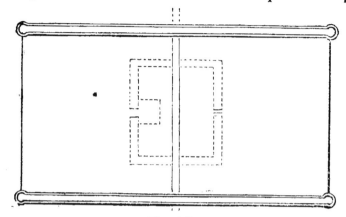

Fig. 174.

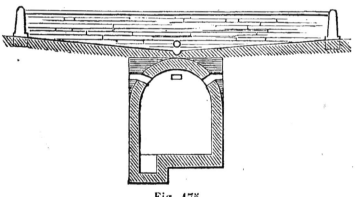

Fig. 175.

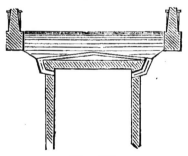

Fig. 176.

obtenir de bons fumiers, quand ceux-ci sont traités
avec soin et intelligence.

§ 25. — *Puits*.

Avant d'entreprendre le creusement d'un puits, afin de se soustraire à des dépenses inutiles, il faut chercher à s'éclairer sur la possibilité d'obtenir de l'eau, et sur la profondeur à laquelle on pourra la trouver.

Le sol que nous foulons est formé de couches super-posées de différentes natures, et dont les unes sont per-méables, c'est-à-dire qu'elles se laissent traverser par les eaux, tandis que les autres sont imperméables, c'est-à-dire qu'elles s'opposent à leur infiltration et les empê-chent de pénétrer dans les couches sous-jacentes.

La figure 177 nous en donne un exemple. La nappe d'eau A est retenue par une couche imperméable B. Les eaux qui l'alimentent, et qui proviennent des pluies ou de la fonte des neiges, ont pu filtrer à travers les couches du terrain C, mais arrivées sur le banc d'argile B, elles se sont trouvées arrêtées, et elles doivent chercher une issue en suivant la pente de la couche imperméable, et venir former une source en E.

Fig. 177.

Dans cette hypothèse, en creusant aux points F, F, F jusqu'à la rencontre de la nappe d'eau A, on serait as-suré d'obtenir de l'eau. En pareille circonstance, si des puits existaient déjà à des niveaux différents, on pourrait estimer approximativement la pente de la veine fluide, et en tirer des indications utiles concernant la profondeur à laquelle il serait nécessaire de pénétrer pour obtenir l'eau, dans des puits creusés sur des points intermé-diaires. Quand il existe déjà des puits sur des points rapprochés de celui où l'on veut en établir un nouveau, on trouve naturellement là des renseignements utiles. On peut également consulter le niveau de la source la plus voisine, et, à défaut de ces indications, on a recours au sondage. Il est d'ailleurs reconnu depuis longtemps que les montagnes sont les principaux réservoirs des eaux qui .se répandent dans les vallées et alimentent les sources, les rivières et les fleuves.

De ces observations et de quelques autres encore trop longues à énumérer, De Perthuis tire les conclusions suivantes :

1° Si l'on creuse un puits dans un vallon ou sur un emplacement dominé par des hauteurs voisines, et qu'on le fouille à une profondeur suffisante, on est à peu près sûr d'y trouver une source cachée.

2° Lorsque l'emplacement est éloigné des hauteurs dominantes, ou choisi sur un tertre isolé, on n'y doit point trouver de sources cachées, à moins que ce ne soit à une très-grande profondeur.

3° Si l'on creuse un puits sur le penchant d'une montagne où il existe des sources visibles, on est toujours sûr d'y trouver de l'eau en le fouillant à la profondeur nécessaire.

4° Si le versant sur lequel on veut le construire n'offre point de sources visibles et qu'elles soient apparentes sur le versant opposé, on ne pourra y trouver de l'eau qu'à une grande profondeur.

Il n'est pas indispensable que les sources fassent irruption au dehors pour reconnaître leur existence. Souvent leur présence est attestée par la couleur plus foncée que conserve le sol par taches, alors que les parties voisines changent de teinte par la dessiccation. Dans le cas où le sol, au lieu d'être dénudé, est couvert d'herbe, celle-ci conserve alors, aux endroits où existent les sources, une couleur verte et une vigueur qui contrastent fortement, pendant les grandes chaleurs, avec l'aspect que prennent les plantes environnantes qui sont desséchées par le soleil.

Quand l'emplacement du puits est arrêté, sa construction est fort simple. On commence par ouvrir un trou circulaire, dont le diamètre varie de 1^m50 à 2 mètres, et on le continue jusqu'à ce que l'on ait atteint la nappe d'eau alimentaire. On réduit alors le diamètre à 1^m30 ou 1^m40, et l'on forme ainsi une banquette, sur laquelle on établit un revêtement en maçonnerie que l'on monte provisoirement jusqu'au niveau du sol (fig. 178). Afin de

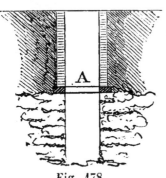

donner une grande solidité à cette maçonnerie, il convient de la faire reposer sur un châssis ou rouet A, placé bien horizontalement et construit en très-bon bois de chêne.

Quand le puits doit avoir une profondeur de 12 à 15 mètres ou plus, on écarte de nombreuses causes d'accident en ayant soin

Fig. 178.

de maçonner d'abord toute la partie qui traverse la terre mouvante, avant de pénétrer plus profondément.

Quand le forage du puits est achevé, on élève la maçonnerie à 0^m80 ou 0^m90 au-dessus du sol. On forme ainsi un appui qui a reçu le nom de *margelle*, et qui se construit ordinairement en pierres solidement liées par des crampons en fer. Cette margelle sert de support à l'appareil à tirer l'eau, qui consiste ordinairement en une simple poulie (fig. 179 et 180), quand la profondeur n'excède pas 10 mètres, ou en un treuil (fig. 181), quand cette profondeur est plus considérable.

Dans le cas où l'on doit creuser le puits dans un terrain sans consistance, il est nécessaire d'étayer au fur et à mesure que la fouille avance, et, afin de faciliter la besogne, on donne souvent à l'orifice une forme carrée ou pentagonale.

Il faut toujours avoir soin d'éloigner les puits des fosses à fumier, des latrines, des puisards, etc., qui, par les infiltrations, pourraient altérer les qualités de l'eau et

parfois même leur communiquer des propriétés nuisibles.

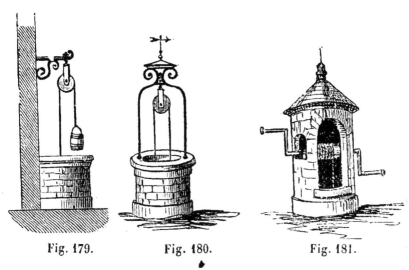

Fig. 179.   Fig. 180.   Fig. 181.

§ 26. — *Citernes*.

On nomme *citernes* des réservoirs souterrains revêtus
en maçonnerie hydraulique, et destinés à recueillir et à
conserver les eaux pluviales.

Les citernes sont indispensables chaque fois que les
eaux de source, de puits ou de rivière sont insuffisantes
pour les besoins de l'exploitation, ou bien ne présentent
pas les qualités désirables.

On construit des citernes de toutes formes et de toutes
dimensions, mais la forme circulaire est, sans contredit,
la plus avantageuse ; il convient de ne pas leur donner
une profondeur supérieure à dix mètres, afin qu'une
simple pompe aspirante puisse toujours suffire pour en
extraire l'eau. Au reste, c'est là un maximum que rarement l'on devra atteindre.

L'eau qui s'écoule des toitures ne doit pas se rendre
directement dans la citerne ; elle doit d'abord passer dans
un *citerneau*, où elle se débarrasse des matières étrangères qu'elle a pu entraîner, et n'arrive ainsi dans le

réservoir qu'après clarification. La figure 182 donne la coupe d'une citerne A, munie de son citerneau B. Le fond de celui-ci est recouvert d'une bonne couche de gros gravier, où l'eau se filtre et abandonne ses impuretés. On voit en C, le conduit qui amène l'eau des gouttières dans le citerneau, et en D, le canal qui met ce dernier en communication avec la citerne.

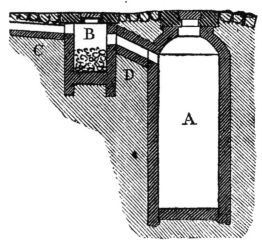

Fig. 182.

Il faut que la citerne soit construite avec le plus grand soin. On donne à la maçonnerie une épaisseur d'une brique et demie, en ayant soin d'en former deux murs distincts, entre lesquels on tasse fortement un lit de bon mortier hydraulique de 0m04 à 0m05 d'épaisseur. C'est, du reste, le seul mortier que l'on puisse avantageusement employer dans cette construction. Quand le revêtement est achevé, on y applique un bon enduit bien lissé à différentes reprises. Le meilleur mortier que nous ayons vu employer à cet usage, est celui qui est formé de deux tiers de vieilles tuiles pilées et d'un tiers de bonne chaux ordinaire. Le fond de la citerne se pave au moyen de trois ou quatre couches de briques, posées à plat dans un bon lit de mortier hydraulique.

Sous notre climat, il est permis de compter sur une

récolte annuelle de 50,000 litres d'eau par 100 mètres carrés de bâtiments. On estime que dans un ménage il se fait moyennement une consommation de 8 à 10 litres d'eau par jour et par habitant, mais il ne faut pas calculer rigoureusement les dimensions de la citerne d'après ces données, car il faudrait alors lui donner une capacité considérable. Il faut faire attention que les pluies arrivent à différentes époques de l'année, et que le réservoir peut ainsi se remplir plusieurs fois dans le même temps. Aussi ne lui donne-t-on guère que le tiers de la capacité qu'il devrait avoir, si l'on voulait y emmagasiner en une seule fois les eaux qui tombent dans le courant d'une année. Il est rare, d'ailleurs, que les citernes doivent, à elles seules, fournir toute l'eau potable dont une exploitation a besoin.

§ 27. — *Abreuvoirs.*

Les abreuvoirs consistent quelquefois en une simple dépression du sol, dans laquelle s'accumulent les eaux pluviales ou celles de quelque source.

Ces abreuvoirs sont généralement désignés sous le nom de *mares*. Comme le fond en est toujours boueux et qu'il est sans cesse agité par le piétinement des animaux, l'eau y est toujours chargée d'une foule de matières étrangères, et si elle n'est pas nuisible, elle ne peut jamais fournir au bétail une boisson fort agréable. Aussi quand la situation permet d'en renouveler les eaux, ne doit-on jamais négliger de le faire.

Les *abreuvoirs proprement dits*, nécessaires dans toutes les fermes importantes, sont construits en maçonnerie. Ils sont garnis sur trois côtés d'une bonne maçonnerie hydraulique, et le fond, disposé en plan incliné, est solidement pavé en grès ou en cailloux roulés. Les dalles ne valent rien pour cet usage, car, sous l'eau, elles sont trop glissantes, et peuvent donner lieu à des accidents.

On peut donner à l'abreuvoir de 5 à 10 mètres de long sur autant de large, et un mètre à 1^m 30 à l'endroit où il est le plus profond (fig 185).

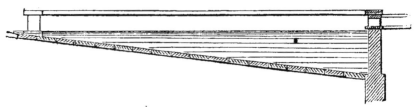

Fig. 185.

Souvent, quand l'exploitation est située à proximité d'une rivière ou d'un étang, on se borne à y pratiquer une rampe par où peuvent descendre les bestiaux. Ces abreuvoirs sont les meilleurs sous le rapport de la salubrité ; mais la rampe doit être pavée, et la prudence exige que l'étendue de l'étang ou de la rivière reconnue praticable et consacrée à servir d'abreuvoir, soit limitée par des pieux solidement fixés, afin d'empêcher les animaux d'avoir accès aux endroits dangereux.

On donne aussi le nom d'*abreuvoir* aux auges dans lesquels on fait boire les animaux. Ces auges sont en pierres, en briques ou en bois, et placées à proximité d'un puits, d'une citerne ou d'un réservoir quelconque, qui permette de les remplir facilement. Elles doivent être légèrement inclinées, et munies, à leur point le plus bas, d'une bonde par où l'on fait écouler les eaux de nettoyage.

§ 28. — *Puisards.*

Les puisards sont des excavations plus ou moins profondes, maçonnées seulement sur leur pourtour, quelquefois simplement en pierres sèches, et qui sont destinées à recevoir et absorber les eaux de lavage, des cuisines, etc. etc., quand la disposition du sol ne permet pas de les faire écouler naturellement en dehors des habitations.

A moins d'impossibilité absolue, les puisards doivent toujours être établis en dehors des habitations ; on réserve alors dans la voûte qui les recouvre, une ouverture que l'on garnit d'une grille en fer. Quand on est obligé de les placer dans l'intérieur, l'ouverture doit en être hermétiquement close par un tampon en pierre, posé au mortier ; il convient alors de ménager dans la voûte un tuyau de ventilation qui s'élève jusqu'à la toiture et la dépasse de quelques centimètres.

La fig. 184 montre la coupe d'un puisard dans lequel les eaux se rendent par un canal souterrain, muni d'un *coupe-air-hydraulique*, appareil qui a pour objet d'intercepter toute communication entre l'air méphitique du puisard et l'atmosphère extérieure. Ce *coupe-air-hydraulique*, dont on donne le plan, fig. 185, n'est autre chose qu'un

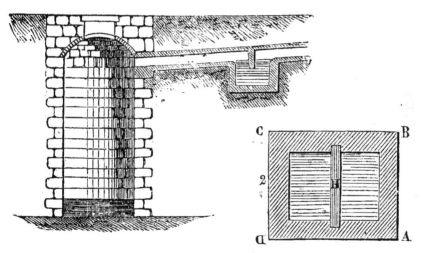

Fig. 184.   Fig. 185.

siphon renversé, composé d'un bac en pierre, en fonte ou même en maçonnerie, A B C D, coupé dans sa partie médiane par une cloison H, qui part du recouvrement du canal et plonge de quelques centimètres dans le liquide que contient le bac. Il est facile de voir que les eaux peuvent toujours facilement passer en dessous de la cloison, tandis que les émanations du puisard ne peuvent s'en échapper.

Les puisards ont l'inconvénient de s'obstruer plus ou moins rapidement, et alors ils cessent d'être absorbants. On y remédie par le curage, mais l'opération doit être faite avec précaution, car souvent ils sont remplis de gaz nuisibles.

Pour qu'un puisard soit réellement absorbant, il faut que l'on ait pu atteindre, en le creusant, des couches de matières poreuses où les eaux puissent s'infiltrer et se perdre.

§ 29. — *Lavoirs.*

Dans tout établissement un peu important, si l'on peut disposer d'un courant d'eau claire, il sera toujours très-avantageux de construire un lavoir, qui, d'ailleurs, n'exige pas de grands frais.

Il consiste en un simple bassin en maçonnerie, de quelques mètres de long sur deux mètres de large, et muni d'une vanne pour en renouveler l'eau à volonté. Quelquefois même le bassin est tout bonnement garni de planches. On le recouvre d'un toit pour abriter les laveuses, et l'on y place un chevalet pour poser le linge. Les figures 186 et 187 donnent le plan et l'élévation d'un lavoir à trois places.

§ 30. — *Modèles d'ensemble.*

Après avoir examiné en détail les diverses constructions qui peuvent être nécessaires à une ferme, il nous reste à dire quelques mots concernant l'ensemble et le groupement des bâtiments. Quelques exemples bien choisis pourront nous dispenser d'entrer à cet égard dans de longs développements.

La disposition que l'on donne aux différents logements dans une ferme, dépend, sans doute, de diverses circonstances, telles que l'importance des cultures, la quantité de bestiaux, les spéculations auxquelles on se livre dans

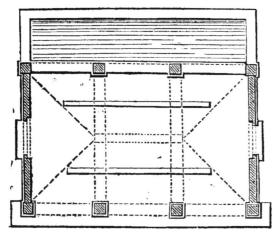

Fig. 186.

l'exploitation, etc.; mais, en tous cas, il est quelques règles fondamentales qu'il importe de toujours observer. Ces règles, nous en avons déjà fait mention, et conséquemment nous ne ferons ici que les rappeler.

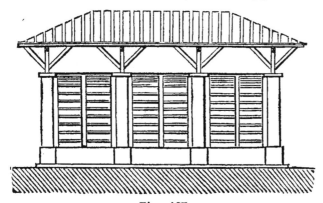

Fig. 187.

D'abord, on doit chercher à isoler les bâtiments les uns des autres. Cela diminue les chances d'incendie et permet de combattre plus facilement le feu, s'il se déclare. Il faut, en outre, les distribuer de telle façon que le service de l'ensemble puisse s'effectuer facilement, et en occasionnant le moins de perte de temps possible. Enfin il importe de se réserver le moyen d'exercer une surveillance constante et efficace, en disposant convenablement les croisées de la maison d'habitation. Ceci posé, prenons quelques exemples de distributions avantageuses.

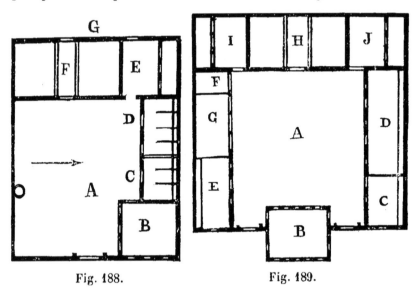

Fig. 188.   Fig. 189.

La figure 188 donne le plan d'une petite ferme de 12 à 15 hectáres. A, est la cour ; — B, le bâtiment d'habitation, composé d'un rez-de-chaussée et d'un étage. L'entrée du rez-de-chaussée est celle de la cuisine qui communique avec la chambre du maître. Au fond de la cuisine se trouvent le four et la laiterie, séparée de celui-ci par l'escalier qui mène au premier étage. C, écurie pour deux ou trois chevaux ; — D, étable pour cinq ou six vaches ; — E, basse-cour dans laquelle peut se trouver place pour deux porcs ; — F, grange avec aire ; — G, jardin.

La figure 189 montre une autre disposition propre à une ferme de 40 à 50 hectares. A est la cour ; — B, bâtiment d'habitation ; — C, étable aux veaux ; — D, étable ; — E, écurie ; — F, porcherie ; — G, remise ; — H, grange ; — I, passage pour aller au jardin ; — J, basse-cour.

La figure 190 montre la disposition d'une ferme modèle commencée vers 1830, au hameau de Tilloy, département de l'Aisne (France). Les plans, dressés par nous,

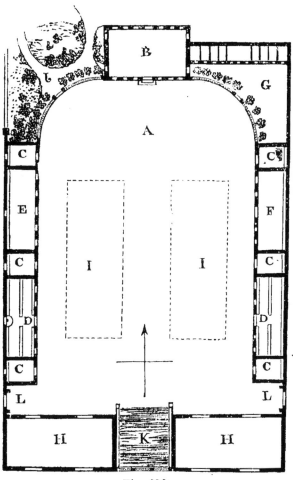

Fig. 190.

avaient été approuvés par plusieurs agronomes distin-
gués, entre autres par Mathieu de Dombasle ; malheureusement, la mauvaise santé et la mort du propriétaire
en empêchèrent l'achèvement. A est la cour ; — B, le
bâtiment d'habitation ; — C,C,C, compartiments pour
chevaux de maître et d'étrangers, infirmerie, taureaux,
veaux, etc. ; — D,D, bergeries ; — E, écurie ; — F,

étable ; — G, basse-cour plantée d'arbres et porcherie ; —
H, granges ; —I,I, fosses à fumier ; —J, entrée du jardin
du maître ; — K, abreuvoir avec grille en fer au fond ;
— L,L, entrée. Quant aux remises et hangars, ils de-
vaient former, avec une forge et une brasserie, un second
groupe de bâtiments joints aux premiers.

Les figures 191 et 192 donnent l'élévation et le plan
de la ferme de Nivezé-lez-Spa (Liége), appartenant à
M. Adolphe Simonis, président de la Section verviétoise
de la Société agricole de l'Est de la Belgique, et bâtie,
en 1857, d'après les dessins et sous la direction d'un
habile architecte de Verviers, M. A. Thirion.

Fig. 191.

Cette ferme n'est pas d'une très-grande étendue, mais
elle est parfaitement distribuée pour sa destination.
Elevée sur une propriété primitivement composée
d'une cinquantaine d'hectares de terres médiocres, se
divisant en terres labourables, prairies et bois, elle est
destinée à propager les nouveaux procédés de culture et
à améliorer un sol jusque-là improductif.

Comme on le voit sur le plan, la cour est partagée en
deux parties égales. Cette innovation permet de laisser le
bétail s'abreuver en liberté sans gêner le service du reste
de la ferme. Chacune des cours est pourvue d'une fosse
couverte où l'on dépose les fumiers, et d'une citerne à
purin munie d'une pompe.

Plan de la Ferme Britannia de M. Bortier, à Ghistelles.

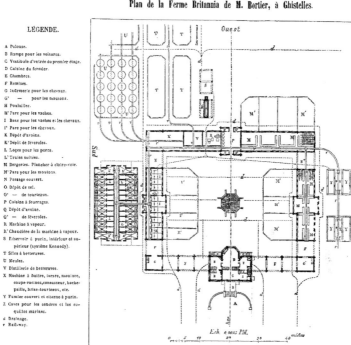

Fig. 192 bis. (Page 245.)

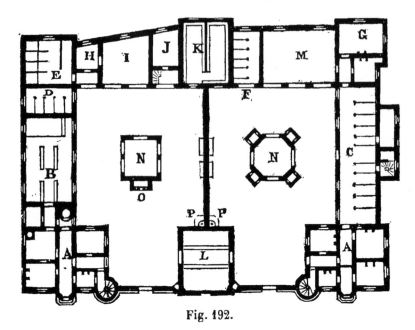

Fig. 192.

AA, logements;—B, étable; — C, écurie pour chevaux de maître; — D, chevaux du fermier; — E, porcherie; — F, laiterie; — G, sellerie; — H, forge; — I, remise; — J, infirmerie; — K, bergerie; — L, grange; — M, remise; —N, fumiers couverts; — O, poulailler; — P, latrines.

La planche ci-contre représente le plan de la ferme construite par M. Bortier à Ghistelles, près d'Ostende. Cette ferme, à laquelle on a donné le nom de *Britannia*, est remarquable par une ingénieuse distribution et par l'application de quelques idées nouvelles.

D'abord, tous les bâtiments sont isolés les uns des autres, afin de diminuer les chances d'incendie et de pouvoir maîtriser plus facilement les progrès du feu. Ensuite, ils sont disposés de manière à rendre la surveillance aussi facile que possible.

Le corps de logis est placé à l'est, les bergeries occupent le côté nord et le côté ouest, l'écurie et la porcherie se trouvent au sud.

Les bergeries ont un plancher à claire-voie ; dans l'écurie et dans l'étable des vaches laitières, on a réservé à chaque animal une stalle où il peut circuler à l'aise et qui s'ouvre sur un préau où les bêtes peuvent jouir à volonté de l'air et de la lumière ; on a remplacé les râteliers par des mangeoires en fonte à trois compartiments, qui facilitent l'alimentation et n'ont point, comme les râteliers, l'inconvénient de laisser tomber de la poussière dans les yeux des animaux; la porcherie, comprenant quarante-huit loges parmi lesquelles quatre, placées aux angles, sont réservées aux truies pleines et aux animaux malades, est extrèmement remarquable sous le rapport de la distribution des aliments, de l'écoulement des urines, de la ventilation et des conditions hygiéniques. A chaque loge correspondent une petite cour et un bassin d'eau fraîche. Les fumiers sont placés sous des hangars, immédiatement au-dessus des fosses à purin, afin qu'ils conservent autant que possible toutes leurs qualités fertilisantes. Des tuyaux souterrains, en communication avec un réservoir d'engrais liquides, établi d'après le système Kennedy, conduisent l'engrais dans les champs. Le réservoir est placé à une certaine hauteur au-dessus du sol ; il est alimenté au moyen de la machine à vapeur.

Au moyen d'un rail-way, tous les travaux intérieurs de la ferme s'exécutent avec une promptitude remarquable. Une innovation fort heureuse est celle qui consiste à établir les meules sur une plate-forme en fer, garnie de roues et mobile sur des rails. Avec ce système, le moindre effort suffit pour conduire les meules auprès de la machine à battre, et les isoler des bâtiments en cas d'incendie.

Nous devons dire encore que l'emplacement de la ferme a été drainé soigneusement. Tous les bâtiments sont entourés d'une saignée profonde, garnie de tuyaux en poterie, qui a pour but d'éloigner toute humidité stagnante.

On trouvera encore quelques fort belles distributions de grandes fermes dans le *Cours d'agriculture* de M. Nadault de Buffon, dans le *Traité des Constructions rurales* de M. L. Bouchard, etc.

Toutefois, comme les petites et les moyennes fermes sont bien les plus nombreuses, nous croyons faire chose utile en en donnant encore quelques exemples, et, afin d'éviter des répétitions inutiles, les mêmes lettres désigneront les mêmes objets dans les trois figures (fig. 193, 194 et 195). A, cour; — B, bâtiments; — C, écuries; — D, étable; — E, porcherie, poulailler, etc.; — F, granges.

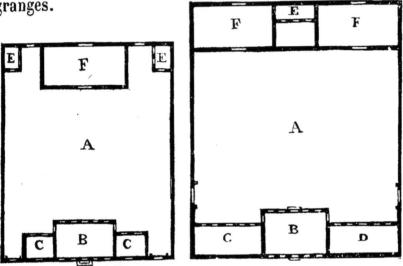

Fig. 193.   Fig. 194.

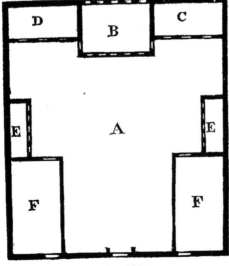

Fig. 195.

CHAPITRE IV

FRAIS DE CONSTRUCTION.

§ I. — *Estimation des ouvrages.*

Un tarif exact de la valeur des matériaux usités dans les constructions offrirait, sans doute, beaucoup d'intérêt, et serait d'une utilité incontestable pour tous ceux qui ont envie de bâtir; mais, malheureusement, il n'est pas possible, ainsi que l'on peut aisément s'en convaincre en recueillant les prix dans des endroits différents. On constatera que, pour des matériaux de même nature, les prix éprouvent des variations considérables, non-seulement quand on considère des localités très-éloignées les unes des autres, mais, souvent aussi, quand on arrête la comparaison à des lieux rapprochés. Aussi, les chiffres dont nous allons faire usage dans nos exemples d'estimation, ne doivent même pas être acceptés comme des moyennes, et chaque fois que l'on voudra se rendre compte, avec exactitude, des dépenses que doit entraîner une construction projetée, il faudra avoir soin de substituer à nos prix fictifs, les prix réels de la localité.

Les renseignements relatifs aux prix doivent être puisés chez les producteurs ou chez les détenteurs de première main, et toujours, à moins que l'on ne trouve chez d'autres de notables avantages, il sera profitable de s'approvisionner chez les fournisseurs en renom qui, ayant leur réputation à sauvegarder, offrent des garanties que l'on ne rencontre pas toujours ailleurs. Dans tous les cas, il sera bon de ne faire ses achats qu'après avoir pu comparer les prix des principaux fournisseurs des environs.

Nous devons encore faire remarquer que de toutes les manières de bâtir, la plus économique consiste à acheter ses matériaux, faire entreprendre la façon par d'honnêtes maîtres-ouvriers et surveiller soi-même.

EXEMPLES DE QUELQUES SOUS-DÉTAILS DE PRIX.

Fouilles et déblais.

Temps employé pour 1ᵐ00 cube :

	fr. c.
Fouille de terre ordinaire, 0 heures 40 minutes de terrassier à 1 fr. 50 le jour	0 10
Fouille de terre franche, 0 heure 55 minutes de terrassier à 1 fr. 50 le jour	0 15
Fouille de terre glaise, 1 heure 30 minutes de terrassier à 1 fr. 50 le jour.	0 23
Fouille de terre dure et pierreuse, 3 heures 30 minutes de terrassier à 1 fr. 50 le jour.	0 53
Fouille dans le tuf, 4 heures de terrassier à 1 fr. 50 le jour	0 60
Fouille de vase, 2 h. de terrassier à 1 fr. 50 le jour.	0 30

Jet à la pelle, ou chargement de brouette ou de tombereau, 1/3 du prix de la fouille. Transport à la brouette, pour chaque relai de 30 mètres, si le terrain est horizontal ou à peu près : de 0 h. 40 minutes à 1 heure de terrassier à 1 fr. 50 le jour. 0 15

Si le transport va en montant, chaque relai compte pour deux.

Ces données suffisent pour estimer le prix de revient d'un ouvrage de terrassement quelconque.

Exemple : Prix d'un mètre cube de terre franche :

Fouille . . . . fr.	0 15
Chargement, le 1/3	0 05
Transport à 90ᵐ (3 relais) à 0,15. .	0 45
	fr. 0 65
Bénéfice de l'entrepreneur 1/10. .	0 06
Outils et faux frais 1/20.	0 03
Prix du mètre cube . . . fr.	0 74

Mortiers.

Prix d'un mètre cube de mortier de première espèce :

0ᵐ40 cube de chaux vive à 8 fr. . . . . fr.	3 20
0ᵐ60 » de trass, etc., à 20 fr.	12 00
Une journée et demie de manœuvre à 1 fr. 50. .	2 25
Prix du mètre. . . fr.	17 45

Prix d'un mètre cube de mortier de deuxième espèce :

0ᵐ40 cube de chaux vive à 8 fr. . . . . fr.	3 20
0ᵐ30 » de trass à 20 fr.	6 00
0ᵐ30 » de sable à 5 fr.	1 50
Une journée et demie de manœuvre à 1 fr. 50. .	2 25
Prix du mètre. . . fr.	12 95

Prix d'un mètre cube de mortier de troisième espèce :

0ᵐ40 cube de chaux à 8 fr. . . . . fr.	3 20
0ᵐ60 » de sable à 5 fr.	3 00
Une journée et demie de manœuvre à 1 fr. 50. .	2 25
Prix du mètre. . . fr.	8 45

Maçonnerie.

Prix d'un mètre cube de maçonnerie de brique :

560 briques à 20 fr. . . . . fr.	11 20
0ᵐ30 cube de mortier à 8 fr. 45.	2 53
6 h. de maçon avec son aide à 4 fr. 50 les deux.	2 70
	16 43

Bénéfice de l'entrepreneur 1/10. . . . .   1 64
Outils et faux frais 1/20. . . . .   0 16
Prix du mètre cube. . . fr. 18 23

Prix. d'un mètre carré de maçonnerie ou de pavé de briques de champ posées au mortier de deuxième espèce :

75 briques à 20 fr . . . . fr. 1 50
0m05 mortier à 8 fr. 45. . . . .   0 42
2 h. 30 m. maçon avec son aide à 4 fr. 50 les deux. .   1 12

                                                          3 04

Bénéfice de l'entrepreneur 1/10. . . . .   0 30
Outils et faux frais 1/20. . . . .   0 15
Prix du mètre carré. . . fr. 3 49

Prix d'un mètre carré de maçonnerie d'une brique de plat pour pavé au-dessous du carrelage :

40 briques à 20 fr. . . . . fr. 0 80
0m03 mortier à 8 fr. 45. . . . .   0 26
1 h. 30 m. maçon avec son aide à 4 fr. 50 les deux. .   0 68

                                                          1 74

Bénéfice de l'entrepreneur 1/10. . . . .   0 17
Outils et faux frais 1/20 . . . .   0 09
Prix du mètre carré. . . fr. 2 00

Prix d'un mètre carré de pavé de grès de 0m15 d'échantillon posé sur forme de sable :

50 pavés à 25 fr. le mille. . . . . fr. 1 25
0m25 sable à 5 fr. 1 25
1 heure de paveur avec son aide à 4 fr. 50 le jour pour
les deux 0 45

                                                          2 95

Bénéfice de l'entrepreneur 1/10. . . . .   0 29
Outils et faux frais 1/20 . . . .   0 15
Prix du mètre carré. . . fr. 3 39

Prix d'un mètre carré d'enduit de blanc en bourre :

0ᵐ02 chaux vive à 8 fr. . . . . fr.	0 16
Argile ou sable à 5 fr.	0 20
Bourre.	0 30
1 h. 45 m., maçon à 4 fr. 50 le jour avec son aide. .	0 79
	1 45
Bénéfice de l'entrepreneur 1/10. . . . . . . ~	0 14
Outils et faux frais 1/20.	0 07
Prix du mètre carré. . . fr.	1 66

Charpente.

Prix d'un mètre cube de bois de chêne équarri et assemblé :

Achat dans la forêt . . . . fr.	80 00
Transport à 15,000 mètres, une voiture à trois chevaux transportant par jour 1ᵐ50 pour 13 fr. le mètre. .	8 66
Chargement et déchargement, 5 heures de manœuvre à 1 fr. 50	0 75

Prix du mètre cube rendu au chantier :

Équarrissage, 2 journées de charpentier ou scieur de long à 2 fr. 50.	5 00
Main d'œuvre pour assemblage et pose, 6 journées de charpentier à 3 fr.	18 00
	112 41
Bénéfice de l'entrepreneur 1/10.	11 24
Outils et faux frais 1/20.	5 62
Prix du mètre cube. . . fr.	129 27

Menuiserie.

Prix d'un mètre carré de plancher en planches de chêne de 0ᵐ03 d'épaisseur, assemblé à rainures et languettes :

1ᵐ00 carré de planches de chêne. . . . . . fr.	5 50
Déchet 1/6.	0 92

10 heures de menuisier à 0,25. . . . . 2 50

Clous. 0 50

9 42

Bénéfice de l'entrepreneur 1/10. . . . . . . 0 94

Outils et faux frais 1/20. . . . . 0 47

Prix du mètre carré. . . fr. 10 83

Prix d'une porte pleine de 2^m00 de hauteur sur 1^m00 de largeur avec emboitures en haut et en bas :

2^m00 carrés de bois de chêne de 0^m03 à 5,50. . fr. 11 00

Déchet 1/6 . . . . 1 84

Un jour et demi de menuisier à 2 fr. 50. . . . . 3 75

Clous et colle. 0 50

17 09

Bénéfice de l'entrepreneur 1/10. . . . . 1 70

Outils et faux frais 1/20 . . . . 0 85

Prix. . . fr. 19 64

Prix d'une paire de contrevents de 1^m00 de largeur sur 1^m80 de hauteur en bois de chêne de 0^m03 d'épaisseur avec emboitures et traverses en écharpe :

1^m80 carré de bois à 5,50 . . . . fr. 9 90

Déchet 1/6. . . . . 1 65

24 heures de menuisier à 0,25. . . . . . . 6 00

Clous et colle 0 30

17 85

Bénéfice de l'entrepreneur 1/10 . . . . . . 1 78

Outils et faux frais. 0 89

Prix. . . fr. 20 52

Croisée vitrée de 1^m80 de hauteur sur 1^m00 de largeur, compris verre et bénéfice. . . . . fr. 24 00

Gros fers.

Prix des 100 kil. de gros fer ouvré :

100 kil. fer première qualité . . . . fr. 18 00
Déchet de forge 1/8. . . . .   2 25
Façon et pose, 5 heures de forgeron avec son aide
  à 4 fr. 50 les deux 2 25
                                                    _____
                                                     22 50
Bénéfice de l'entrepreneur 1/10. . . . . 2 25
Charbon, outils et faux frais 1/10. . . . . 2 25
                                                    _____
                        Prix des 100 kil. . . . fr. 27 00

Petits fers.

Prix de la ferrure d'une porte pleine à un ventail :

Deux fortes pentures de 0m80 avec gonds à scelle-
  ments, mis en place. . . . . fr. 3 00
Un loquet blanchi avec sa poignée, mis en place. . . 1 50
Une serrure polie de 0m20, tour et demi avec gâche
  et vis, mise en place. 8 00
Deux verroux montés sur platines. 2 00
                                                    _____
                                                     14 50
Bénéfice de l'entrepreneur 1/10 . . . .   1 45
Outils et faux frais 0 72
                                                    _____
                                 Prix. . . fr. 16 67

Prix de la ferrure d'une paire de contrevents :

Quatre pentures de 0m40 avec gonds à scellements,
  en place . . . . ⸴ . . . . fr. 4 00
Un loqueteau à ressort pour la fermeture du haut, en
  place. 1 50
Un fort crochet avec crampons pour la fermeture du
  bas ; en place 0 75
Deux tourniquets pour tenir les volets ouverts ; en
  place. 1 20
                                                    _____
                                                      7 45
Bénéfice de l'entrepreneur 1/10. . . . . 0 74
Outils et faux frais 1/20. . . . .   0 37
                                                    _____
                                 Prix. . . fr. 8 56

Prix de la ferrure d'une croisée à deux ventaux :

Quatre fiches de 0m10; en place........... fr.	3	00
Ferrure d'une crémone...............	2	00
Huit équerres de 0m15 de branche, entaillées dans le bois et posées à vis; en place..........	3	00
Six pattes pour fixer le dormant; en place......	1	20
	9	20
Bénéfice pour l'entrepreneur 1/10...........	0	92
Outils et faux frais 1/20...............	0	46
Prix... fr.	10	58

Couverture.

Prix d'un mètre carré de couverture d'ardoises sur voliges de bois blanc :

Cent et douze ardoises à 25 fr. le mille........ fr.	2	80
1m00 carré de voliges à 1 fr. 35............	1	35
Clous pour voliges................	0	15
» » ardoises.................	0	15
2 heures 30 minutes de couvreur avec son aide à 4 fr. 60 pour les deux, toutes sujétions comprises.	1	15
	5	60
Bénéfice de l'entrepreneur 1/10...........	0	56
Outils et faux frais 1/20	0	28
Prix du mètre carré... fr.	6	44

Peinture.

Prix d'un mètre carré de peinture à l'huile à trois couches sur mur ou bois tendre :

Il entrera pour la première couche ... k. 0 19		
Pour chacune des deux autres k. 0,15, ensemble..................	0	30
k.	0	49
Kil. 0,49 couleur à l'huile à 2 fr. en moyenne.. fr.	0	98
40 minutes de peintre à 2 fr. 50 le jour......	0	83
	1	81

Bénéfice de l'entrepreneur 1/10 . . . .   0 18
Outils et faux frais 1/20 . . . .   0 09

Prix du mètre carré. . . fr. 2 08

Prix d'un mètre carré de peinture à l'huile à trois couches sur bois dur.

Il entrera pour la première couche. . . . k. 0 16
Pour les deux autres. 0 19

0 35

Kil. 0,35 couleur à l'huile à 2 fr. en moyenne. . fr. 0 70
40 minutes de peintre à 2 fr. 50 le jour 0 83

1 53

Bénéfice de l'entrepreneur 1/10 . . . .   0 15
Outils et faux frais 1/20 . . . .   0 08

Prix du mètre carré. . . fr. 1 76

Ces quelques exemples sont bien suffisants pour mettre à même de formuler une estimation des frais que doit entraîner la construction d'un bâtiment.

Dans les devis qui se font pour constructions communales, l'estimation des ouvrages, sous le titre de *Détails estimatifs*, se place ordinairement après le *métré* ou devis proprement dit; mais, dans d'autre cas, ces détails, qui servent à l'établissement d'un bordereau de prix, se donnent avant tout. Nous regardons cette disposition comme plus naturelle, car ce n'est souvent que par la comparaison des prix que l'on pourra opter entre les différents genres de constructions, qui tous peuvent s'appliquer également aux bâtiments projetés.

§ 2. — *Détails et conditions.*

Quand on a des constructions importantes à exécuter, que l'on en charge un seul entrepreneur responsable ou que l'on confie les divers travaux à des maîtres ouvriers habiles dans leur spécialité, que l'on ait établi un devis détaillé, ou que l'on soit seulement convenu du prix à payer sur mémoire vérifié, il faudra toujours rédiger un état de conditions.

Cet état dont nous donnons un spécimen ci-dessous, doit toujours être fait en double, signé par les deux parties, et contenir non-seulement l'indication de la qualité des matériaux, mais aussi de la manière dont ceux-ci doivent être mis en œuvre. On rend de la sorte toute contestation impossible à la réception des travaux.

Cette précaution, toujours nécessaire, est surtout indispensable, quand les travaux sont donnés par adjudication au rabais, moyen très-économique dont un propriétaire, capable d'exercer par lui-même une surveillance efficace, peut très-bien faire usage.

État de conditions.

1° Les travaux de *terrassement* seront exécutés sans aucune interruption et convenablement étançonnés partout où il sera besoin, afin d'éviter les éboulements ou autres accidents capables d'exposer les ouvriers, ou de porter préjudice au propriétaire.

2° La *chaux* employée pour la maçonnerie et autres ouvrages sera prise à ...... exempte de pierres et coulée au bassin depuis .... avant d'être employée.

3° Les *trass, ciment* ou *cendrée* seront pris à ...... en toute première qualité, employés suivant les règles de l'art et dans les meilleures conditions possibles.

4° Le *sable* proviendra des carrières de .... et ne sera employé que parfaitement pur et de première qualité.

5° Les *mortiers* seront faits suivant les proportions voulues, fabriqués suivant les règles, et toujours parfaitement battus, sans addition d'eau nuisible à leur qualité.

6° Les *pierres de taille* tirées des carrières de ....

seront toutes du premier choix, parfaitement dressées et taillées sur leurs lits et joints, exemptes de flaches, fentes, terrasses et bousins, et présentant au moins ...... d'épaisseur. Elles seront taillées pour être posées sur leur lit de carrière, et ne présenteront, étant posées, aucune espèce d'éclat ou d'écornure. Toutes les pierres seront convenablement posées au mortier de première qualité, à fins joints et sans aucun vide.

7° Les *moellons* et *libages* employés pour la maçonnerie seront tirés des carrières de .... Aucun n'aura moins d'un équarrissage moyen de 0ᵐ10 sur 0,15 et 0ᵐ30 de queue, et seront cassés ou esmillés chaque fois qu'il sera nécessaire, pour les faire bien poser et former parement convenable ; ils seront posés à pleins joints de mortier ordinaire de 1/3 chaux 2/3 sable, de manière à ce qu'il ne se trouve aucun vide dans l'épaisseur de la maçonnerie.

8° Les pavés soront faits avec des grès tirés des carrières de ..:.... ils seront de .... sur .... d'équarrissage et auront au moins 0ᵐ20 de queue ; ils seront posés convenablement, par routes bien dressées, sur forme de sable pur de 0ᵐ20 d'épaisseur, les joints de 0ᵐ01 de large bien remplis dudit sable, bien serrés au gros marteau, battus et dressés à la hie. Tous les grès seront d'un échantillon parfaitement régulier.

9° La *maçonnerie* de briques sera exécutée avec des briques provenant des briqueteries de .... bien moulées et bien cuites au rouge foncé, convenablement posées, à joints coupés et à plein bain de mortier de la .... espèce. Pendant les chaleurs et sécheresses, l'entrepreneur sera tenu de les faire arroser avant leur mise en œuvre, afin d'assurer la prise du mortier. Pendant les gelées, les ouvrages devront être interrompus, après avoir été convenablement couverts de paille, terre ou fumier.

10° Les *voûtes* ne seront décintrées qu'en temps et avec les précautions convenables, afin d'éviter toute déformation, ce qui obligerait l'entrepreneur à les refaire à son compte.

11° Les *rejointoyements* seront faits avec mortier...... et, autant que possible, au fur et à mesure de la construction des murs ; dans le cas contraire, l'entrepreneur sera tenu de les faire arroser pour assurer l'adhésion du rejointoyement.

12° Les *bois de charpente* employés par l'entrepreneur seront tirés de ...... et seront, avant leur emploi, soumis à la vérification du propriétaire ou de son ayant droit ; ils devront être de bonne qualité, sains, bien équarris, sans aubier, mauvais nœuds ou tous autres vices nuisibles.

13° Toute la *menuiserie* sera exécutée avec des bois ayant au moins quatre ans de coupe, bien choisis, sans aubier, fentes ou mauvais nœuds ; ils seront toujours dressés et rabotés au vif. Les assemblages à tenons et mortaises, rainures et languettes, seront toujours parfaitement justes, et faits suivants les règles de l'art ; il ne sera toléré aucun trou, tampon ou mastic.

Il ne sera également rien toléré sur les épaisseurs des bois, qui seront de 0ᵐ03 pour les planchers, portes pleines et volets.

Les châssis ouvrants et surtout les petits bois des croisées, seront en bois de chêne de tout premier choix, sans aucun nœud, ni aubier.

14° Toutes les *ferrures* seront, suivant leur espèce, examinées et pesées avant leur mise en œuvre ; tous les gros ouvrages seront en bon fer liant, sans pailles ni brûlures, les petits fers de bonne qualité et choisis sans aucun défaut.

15° Toutes les *vitres*, livrées en bon état, seront en verre blanc de bonne épaisseur, bien placées, exemptes de tous défauts ; chaque carreau sera fixé par quatre pointes et une garniture de bon mastic, convenablement appuyé et parfaitement dressé.

16° La *couverture* sera faite en *tuiles* de la fabrique

de ...., exactement posées suivant leurs dimensions ; elles seront choisies, bien cuites, sonores et non déformées, et seront posées au mortier, sans aucune parcelle de paille, ou autre matière propre à communiquer l'incendie.

17° La *couverture d'ardoise* sera faite en ardoises des carrières de .... Elles seront dures et sonores, d'une épaisseur suffisante, parfaitement égales ; elles seront fixées à 3 clous et 1/3 de pureau, sur feuillets de bois blanc bien sains.

18° Les *carrelages* seront faits en carreaux de terre cuite de forme ..... bien cuits, de couleur égale et bien droits ; ils seront posés au mortier de ...., sur une forme d'une brique de plat. Ils seront, suivant leur forme, placés avec la plus grande régularité, à fins joints, et formant une aire rigoureusement dressée.

19° Les *enduits* sur murs d'intérieur seront formés de deux couches : la première, de mortier maigre avec bourre, et la seconde, de mortier blanc dit blanc en bourre, le tout parfaitement dressé et poli.

20° La *peinture* à l'huile sera composée de trois couches, dont la première sera suffisamment étendue d'huile pour abreuver complétement le bois sur lequel on l'applique, et les deux autres, suffisamment chargées de couleur pour le couvrir parfaitement.

21° En général, tous les ouvrages et fournitures non détaillés au présent état seront exécutés consciencieusement et suivant les règles de l'art, l'entrepreneur assumant toute la responsabilité de ce qui peut arriver par suite de mauvaises façons ou fournitures.

22° Les ouvrages seront commencés le ...... et continués sans interruption pour être complétement terminés le ..... sous peine de ...... d'indemnité par chaque semaine de retard, à moins que ce retard ne provienne de force majeure, ce que l'entrepreneur devra faire constater.

23° Le propriétaire se réserve le droit de pouvoir,

pendant le cours des travaux, les faire modifier, augmenter ou diminuer à sa volonté, en indemnisant toutefois l'entrepreneur du préjudice que ces changements
pourraient lui occasionner.

24° En cas de fortes gelées, les travaux seront interrompus pour être repris aussitôt que possible.

25° Tout ouvrage mal exécuté sera démoli et refait immédiatement aux frais de l'entrepreneur et sans aucune
indemnité.

26° Le propriétaire pourra faire renvoyer immédiatement tout ouvrier qui donnerait des preuves de mauvaise conduite ou d'incapacité.

27° L'entrepreneur sera payé par ..... de ..... en .....
sauf la retenue d'un vingtième qui ne sera payé qu'après :
soit la réception définitive des travaux, soit l'expiration
d'un an et un jour, pendant lesquels l'entrepreneur est
tenu de les entretenir. (Voir le § *État de marché.*)

Telles sont à peu près les conditions qui doivent former la base d'un marché convenablement passé. Il est
bien entendu qu'elles peuvent et doivent même être mo-
difiées suivant les circonstances, et suivant le degré de
confiance qu'inspire l'entrepreneur. Au surplus, souvent
un compromis de quelques lignes peut suffire, cela dépend d'ailleurs aussi de la manière dont le marché se
fait.

Si le marché est à forfait, c'est-à-dire si l'on est convenu d'une somme de ...... pour tout le bâtiment (ce
que l'on appelle ordinairement traiter *clef sur porte*),
les détails et conditions ne sauraient jamais être trop
complets ; mais si les travaux doivent être payés sur métré
et réception, il suffit de convenir d'un bordereau de prix
débattu d'avance, et indiquant les qualités des matériaux
à employer.

§ 3. — *Devis.*

Par le mot *devis*, on entend assez généralement la
réunion du *bordereau de prix*, des *détails et conditions*,

du *devis* proprement dit et de l'*état de marché*. Comme nous traitons séparément chacune de ces parties, nous n'avons à nous occuper ici que du *devis réel*, c'est-à-dire de l'estimation exacte de la *quantité* de chaque espèce d'ouvrage.

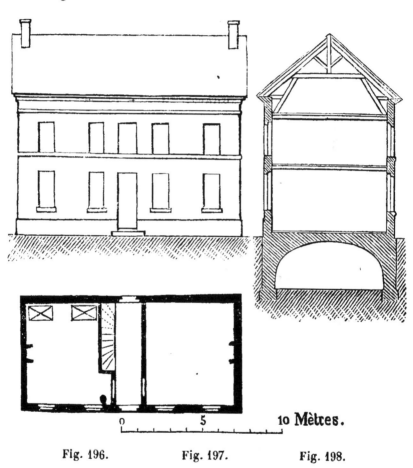

0   5   10 Mètres.

Fig. 196.   Fig. 197.   Fig. 198.

Cette estimation, faite avec les soins nécessaires par un architecte ou par toute personne versée dans ces sortes de calculs, peut être rigoureusement exacte pour tous les travaux hors terre, mais il n'en est pas de même pour les fondations, et, en général, pour les travaux souterrains, dont l'importance et les prix peuvent varier dans de fortes proportions, soit à cause de veines de

terres plus dures à extraire, d'éboulements, d'inondations, etc; soit par suite d'un excédant de proportions,
ou par l'emploi, devenu nécessaire, de matériaux plus
dispendieux. Si l'on a des données suffisantes, on peut en
faire le métré, mais il sera toujours convenable de porter une somme à valoir pour les cas imprévus.

Nous donnons ci-après, comme exemple, le devis d'un
bâtiment de 14ᵐ00 sur 7ᵐ00, composé d'un rez-de-chaussée surmonté d'un premier étage et d'un grenier, construit en briques et couvert en ardoises.

Les figures 196, 197 et 198 en représentent le plan,
la coupe et l'élévation.

Devis estimatif d'un bâtiment d'habitation de 14ᵐ00
de long sur 7ᵐ00 de large, à construire en maçonnerie
de briques, et couverture en ardoises, conformément aux
plan, coupe et élévation ci-annexés, pour le compte de
M... en sa propriété de ..., aux clauses et conditions
mentionnées à l'*État de marché.*

1° Fouilles des caves et fondations :

Longueur.	14ᵐ60	
Largeur.	7ᵐ60	388ᵐ36
Profondeur.	3ᵐ50	

Fouilles de terre forte mêlée de gravier 388ᵐ36

2° Maçonnerie de briques en mortier ordinaire de 1/3 chaux, 2/3 sable.

Fondations des murs de face depuis l'établissement jusqu'à la naissance de la voûte de la cave :

Longueur des deux	28ᵐ00	
Hauteur.	1ᵐ50	24ᵐ36 ci 24ᵐ36
Épaisseur.	0ᵐ58	

Murs de face depuis la naissance de la voûte
jusqu'au niveau du sol :

Longueur des deux	28ᵐ00	
Hauteur.	2ᵐ00	25ᵐ76 ci 25ᵐ76
Épaisseur.	0ᵐ46	

Pignons depuis l'établissement jusqu'au niveau du sol :

Longueur des deux. . . . . 11ᵐ68 ⎫
Hauteur . . . . 3ᵐ50 ⎬ 18ᵐ80 ci 18ᵐ80
Épaisseur . . . . 0ᵐ46 ⎭

Voûte de la cave, en maçonnerie de 0ᵐ22 d'épaisseur, comptée moitié en sus pour plus de façon et sujétion de cintre :

Longueur. . . . . 13ᵐ08 ⎫
Développement. . . . . 8ᵐ00 ⎬ 34ᵐ53 ci 34ᵐ53
Épaisseur . . . . 0ᵐ33 ⎭
1/3 en sus pour remplissage des reins 11ᵐ51

Murs de face en maçonnerie d'une brique et demie, depuis le niveau du sol jusqu'à l'entablement :

Longueur des deux. . . . . 28ᵐ00 ⎫
Hauteur . . . . 7ᵐ60 ⎬ 70ᵐ22 ci 70ᵐ22
Épaisseur. . . . . 0ᵐ33 ⎭

Pignons depuis le niveau du sol jusqu'à l'entablement :

Longueur des deux. . . . . 13ᵐ34 ⎫
Hauteur . . . . 7ᵐ60 ⎬ 33ᵐ45 ci 33ᵐ45
Épaisseur. . . . . 0ᵐ33 ⎭

Pointes de pignons :

Longueur des deux. . . . . 13ᵐ34 ⎫
Hauteur moyenne. . . . . 1ᵐ75 ⎬ 5ᵐ13 ci   5ᵐ13
Épaisseur. . . . . 0ᵐ22 ⎭
Grosse maçonnerie de briques au mortier ordinaire de 1/3 chaux, 2/3 sable au mètre cube 223ᵐ76

Maçonnerie d'une demi-brique pour refends :

Développement des refends . . . . 15ᵐ00 ⎫
Hauteur pour les deux étages. . . . 6ᵐ60 ⎬ 99ᵐ00
Maçonnerie d'une demi-brique au mètre carré 99ᵐ00

Maçonnerie d'une brique de champ pour cheminée :

Développement des deux. . . . . . . 4^m00 } 42^m40
Hauteur, compris les sorties . . . . 10^m60 }

Maçonnerie d'une brique de champ au mètre carré. . . 42^m40

3° Enduits.

Enduits intérieurs au blanc en bourre :

Développement des chambres, etc. 57^m68 } 363^m38
Hauteur des deux étages. . . . . . 6^m30 }

Enduits au mètre carré . . . . 363^m38

4° Plafonds.

Plafonds du rez-de-chaussée en blanc en bourre sur lattis de chêne :

Longueur totale . . . . 13^m34 } 84^m57
Largeur . . . . 6^m34 }

Plafond au premier étage. . . . . 84^m57

Plafonds au mètre carré. . . . . 169^m14

5° Pierre de taille.

Neuf appuis de croisée en pierre de taille des carrières de...

Cube des neuf appuis, longueur. . . 9^m90 }
Largeur. . . . . 0^m30 } 0^m41
Épaisseur . . . . 0^m14 }

Deux seuils pour les portes, en pierre pareille aux appuis :

Cube des deux seuils, longueur. . . 3^m00 }
Largeur. . . . . 0^m40 } 0^m26
Hauteur. . . . . 0^m22 } 0^m67

Cube des pierres. . . . . 0^m67

6° Taille des pierres ci-dessus, au mètre carré de parement vu.

Neuf appuis de croisée, longueur. . 9^m90 } 4^m95
Développement . . . . 0^m50 }

Deux seuils de porte, longueur . . . 3^m00 } 1^m86
Développement . . . . 0^m63 }

                                              6^m81

Surface de parement vu, au mètre carré. . . . . 6^m81

7° Carrelage.

Carrelage du rez-de-chaussée en carreaux de terre cuite posés sur lit de brique de plat :

Longueur. . . . . 14ᵐ00 ⎫
Largeur. . . . . 7ᵐ00 ⎬ 98ᵐ00

Dont à déduire pour l'escalier de la cave,

Longueur . . . . 2ᵐ00 ⎫
Largeur. . . . . 1ᵐ00 ⎬ 2ᵐ00
                                              ‾‾‾‾‾‾
                                              96ᵐ00

Carrelage au mètre carré. 96ᵐ00

8° Charpente en chêne.

Chaînage du bâtiment au rez-de-chaussée et au premier étage :

Développement ensemble. . . . . . 84ᵐ00 ⎫
Largeur. . . . . 0ᵐ11 ⎬ 0ᵐ74
Épaisseur . . . . 0ᵐ08 ⎭

Onze linteaux pour les portes et fenêtres.

Longueur ensemble . . . . 13ᵐ20 ⎫
Largeur . . . . 0ᵐ11 ⎬ 0ᵐ12
Épaisseur. . . . . 0ᵐ08 ⎭

Sablières, longueur des deux. . . . 28ᵐ00 ⎫
Largeur . . . . 0ᵐ20 ⎬ 0ᵐ56
Épaisseur . . . . 0ᵐ10 ⎭ ‾‾‾‾‾
                                              1ᵐ42

Charpente en chêne mise en place, au mètre cube. . . . 1ᵐ42

9° Charpente en sapin.

Solives de sapin pour les deux planchers au-dessus des deux chambres, etc., du rez-de-chaussée :

37 solives de 7ᵐ00, ensemble . . . 259ᵐ00 ⎫
Largeur. . . . . 0ᵐ20 ⎬ 3ᵐ11
Épaisseur. . . . . 0ᵐ06 ⎭

Au-dessus du corridor :

22 solives de 1ᵐ20, ensemble. . . . 26ᵐ40 ⎫
Largeur . . . . 0ᵐ20 ⎬ 0ᵐ32
Épaisseur . . . . 0ᵐ06 ⎭

Au-dessus de l'entrée de la chambre à droite :

4 solives de 2^m00, ensemble. . . . . 8^m00 ⎫
Largeur. . . . . 0^m20 ⎬ 0^m10
Épaisseur . . . . 0^m06 ⎭

Au-dessus des chambres, etc., du premier étage. . . . . 3^m53

Montants et traverses dans les refends au rez-de-chaussée, huit montants de 3^m60 :

Ensemble . . . . 28^m80 ⎫
Largeur . . . . 0^m10 ⎬ 0^m29
Épaisseur . . . . 0^m10 ⎭

7^m06

Au premier étage, huit montants de 3^m00 :

Ensemble . . . . 24^m00 ⎫
Épaisseur . . . . 0^m10 ⎬ 0^m24
Largeur . . . . 0^m10 ⎭

Pour les deux étages, quatre montants mesurant ensemble :

Longueur. . . . . 60^m00 ⎫
Largeur . . . . 0^m10 ⎬ 0^m60
Épaisseur . . . . 0^m10 ⎭

Bois pour les refends . . . . 1^m13

Comble soutenu par deux fermes, détail d'une :

Deux arbalétriers de 4^m50, ensemble. 9^m00
Un entrait . . . . 4^m00
Deux jambes de force de 2^m50 . . . 5^m00
Deux blochets de 0^m70 . . . . 1^m40
_____

Ensemble . . . . 19^m40 ⎫
Largeur . . . . 0^m22 ⎬ 0^m64
Épaisseur . . . . 0^m15 ⎭
Poinçon, longueur. . . . . 2^m00 ⎫
Largeur . . . . 0^m15 ⎬ 0^m05
Épaisseur . . . . 0^m15 ⎭
Deux liens, ensemble. . . . . . . 2^m00 ⎫
Largeur . . . . 0^m10 ⎬ 0^m02
Épaisseur . . . . 0^m10 ⎭ ‾0‾^m‾71‾

Pour les deux fermes . . . . 1^m42

Quatre pannes de 14ᵐ00 chacune :

Épaisseur.	0ᵐ15	⎫		
Largeur.	0ᵐ22	⎬ 1ᵐ86 à	1ᵐ86
Ensemble.	56ᵐ00	⎭		
Faîtage, longueur.	14ᵐ00	⎫		
Largeur.	0ᵐ15	⎬ 0ᵐ21 à	0ᵐ21
Épaisseur.	0ᵐ10	⎭		
Quatre chantignoles, ensemble. .	1ᵐ60	⎫		
Largeur.	0ᵐ22	⎬ 0ᵐ03 à	0ᵐ03
Épaisseur.	0ᵐ15	⎭		
Chevrons, ensemble.	391ᵐ00	⎫		
Largeur.	0ᵐ07	⎬ 1ᵐ92 à	1ᵐ91
Épaisseur.	0ᵐ07	⎭		13ᵐ62

10° Escalier.

Escalier de la cave de 1ᵐ00 de large, compté à la marche pour escalier et limons en bois de chêne.

Nombre de marches . . . . 14 marches.

Escaliers des deux étages à marches et limons de chêne, comptés à la marche.

Nombre de marches pour les deux . . . . . . 30 marches.

11° Menuiserie.

Pour l'entrée sur le devant, il sera fourni une porte pleine à assemblage, aux prix et conditions énoncés aux détails estimatifs, toute ferrée.

Pour la sortie sur le derrière, une porte semblable à la précédente. Ensemble. . . . .   2 portes.

Pour l'entrée de la pièce à droite, une porte en sapin assemblée à panneaux et à double chambranle, convenablement ferrée, aux prix et conditions convenus.

Pour l'entrée de la pièce à gauche et pour les deux chambres du premier étage, trois autres portes semblables à la précédente. Ensemble. . .   4 portes.

Pour l'entrée de la cave, une porte en chêne assemblée sur barres, convenablement ferrée, aux prix et conditions convenus . . . .   1 porte.

Une porte en trappe pour la fermeture du grenier, ladite porte en planches de sapin assemblées sur barres de chêne, convenablement ferrée, aux prix et conditions convenus . . . . 1 pièce.

Neuf croisées en chêne, ferrées, vitrées et posées, aux prix et conditions convenus par chaque croisée . . . . 9 pièces.

Neuf paires de volets ferrés et posés aux prix et conditions convenus par paire de volets . . . . 9 paires.

Planchers du premier étage et du grenier en planches de sapin de 0^m03 d'épaisseur, assemblées à rainures et languettes :

Longueur des deux planchers. . . . 28^m00 }
Largeur . . . . 7^m00 } 196^m00

Dont à déduire pour vides d'escalier :

Longueur des deux . . . . 8^m00 }
Largeur . . . . 1^m00 } 8^m00

Reste de planchers de sapin au mètre carré . . . . . . 188^m00

12° Gros fer.

Seize ancres pour les deux chaînages pesant ensemble. . . . . kil. 80.00

Huit ancres pour 4 solives d'ancrage au-dessous des fermes aux premier et deuxième planchers. Ensemble . . . 40.00

Huit agrafes pour fixer les sablières. Ensemble 12.00

Quatre barres pour supporter les manteaux des cheminées. 16.00

Deux étriers pour consolider l'assemblage des poinçons sur les entrains . 6.00

Ensemble. . . kil. 154.00

Gros fers en place, comptés aux 100 kilog. 154.00

13° Couverture en ardoises.

Longueur des deux pans . . . . . . 28^m00 }
Largeur . . . . 4^m80 } 134^m40

Couverture d'ardoises, exécutée suivant les conditions
au mètre carré 134ᵐ40

Il sera placé dans ledit toit, huit châssis à tabatière
comptés avec vitres suivant les prix et conditions à
la pièce . . . . 8 pièces.

14° Plomberie.

Faîtage et garniture des châssis à tabatière en plomb
de 1 mill. 1/2, mis en place . . . . kil. 120.00

15° Peinture.

Porte sur le devant peinte sur les deux faces.   4ᵐ00
Porte sur le derrière peinte sur les deux faces.   4ᵐ00
Quatre portes d'intérieur avec chambranles,
   peintes sur les deux faces. 16ᵐ00
Neuf croisées, peintes sur les deux faces . . . 36ᵐ00
Neuf paires de volets, peints sur les deux faces. 36ᵐ00
Deux impostes au-dessus des portes d'entrée. .   2ᵐ00
Porte de la cave, peinte sur les deux faces . .   3ᵐ00
Trappe du grenier, peinte sur une face 1ᵐ50
Peinture au mètre carré. 122ᵐ50

RÉCAPITULATION.

1° Fouilles	388ᵐ36	à fr.	0 53	fr.	205 83
2° Maçonnerie de briques au mètre cube	223ᵐ76	»	18 23	»	4079 14
Demi-brique au mètre carré.	99ᵐ00	»	3 49	»	346 21
Brique de champ au mètre carré.	42ᵐ40	»	2 00	»	84 80
3° Enduits au mètre carré.	363ᵐ38	»	1 66	»	603 21
4° Plafonds » »	169ᵐ14	»	1 75	»	295 99
5° Pierre de taille au mètre cube	0ᵐ67	réunis à 100 fr. le mètre cube. .			67 00
6° Taille desdites, au mètre carré.	5ᵐ81				

A reporter. . . . fr. 5,682 18

			Report. . . fr. 5,682 18
7° Carrelage	96ᵐ00 à fr.	4 00 »	384 00
8° Charpente en chêne . .	1ᵐ42 »	106 00 »	150 52
9° Charpente en sapin . .	13ᵐ62 »	80 00 »	1089 60
10° Escalier de cave	14 marches.	2 60 »	36 40
Id. des étages. . .	30 »	5 50 »	165 00
11° menuiserie, deux portes d'entrée à fr.		36 94 »	73 88
Quatre portes d'intérieur		25 00 »	100 00
Une porte de cave.		»	25 00
Une porte de grenier		»	25 00
Neuf croisées		34 58 »	311 22
Neuf paires de volets.		19 83 »	178 47
Planchers au mètre carré, 188ᵐ00.		5 00 »	940 00
12° Gros fers. . . . . . . k. 154 00 à fr. 27 00 le °/₀			41 58
13° Couverture. . . . . . 134ᵐ40 à fr. 6 47			859 56
14° Plomberie . . . . . . k. 120 00 à fr. 0 65			78 00
15° Peinture. . . . . . . 122ᵐ40 à fr. 1 76			215 42
			10355 83
A valoir pour dépenses imprévues.			644 17
			Total. . . fr. 11000 00

Tel serait le prix de construction d'un bâtiment composé d'un rez-de-chaussée surmonté d'un étage, établi sur cave dans toute son étendue, de 14ᵐ00 de long sur 7ᵐ00 de large, en excellente maçonnerie de briques, couvert en ardoises, menuiserie en majeure partie de chêne, le tout parfaitement conditionné.

§ 4. — État de marché.

L'état de marché est l'acte par lequel le propriétaire et l'entrepreneur s'engagent réciproquement, celui-ci à édifier une construction quelconque, ou à exécuter toute autre sorte de travaux, suivant les plans, devis, charges et conditions qui lui sont imposés; celui-là à lui en faire le payement aux époques et de la manière convenus.

Lors donc que l'on a dressé ou fait dresser un devis complet, comprenant bordereau de prix, métré, détails et conditions, l'état de marché se borne à l'acceptation de ces clauses et à l'engagement de s'y conformer de part et d'autre; mais, souvent, il arrive que l'on fait bâtir sans plans ni devis, c'est-à-dire sur un simple aperçu rédigé par l'entrepreneur lui-même ; dans ce cas, il faut avoir recours à un état de marché détaillant non-seulement les dimensions du bâtiment, les matériaux à employer et la façon de chaque partie, mais encore les conditions d'après lesquelles chaque ouvrage doit être exécuté, ainsi que l'époque à laquelle les ouvrages devront être entièrement terminés.

Il est également convenable, quoique la loi soit formelle à cet égard, de mentionner la garantie de l'entrepreneur. Notre § 2, intitulé *Détails et conditions*, peut servir de modèle pour un état de marché de ce genre, en le faisant précéder d'un détail suffisant de l'étendue et des proportions du bâtiment, ainsi que de sa distribution intérieure.

Quant à l'indemnité de retard, on se contente souvent de fixer une somme de..., à payer par l'entrepreneur, dans le cas où les travaux ne seraient pas terminés à l'époque convenue. Cette méthode est vicieuse, en ce que souvent, pour un léger retard, on ne voudra pas l'exiger, indulgence sur laquelle compte toujours l'entrepreneur ; ou bien elle deviendra insuffisante pour un retard indéfinement prolongé. Il vaut beaucoup mieux convenir d'une somme modique pour chaque semaine, et l'exiger rigoureusement. Cet arrangement, plus juste en lui-même, produit généralement beaucoup plus d'effet, car cette indemnité progressive, insignifiante pour quelques semaines, mais augmentant sans cesse, devient bientôt un puissant stimulant contre la négligence ou le mauvais vouloir.

La forme de l'état de marché est arbitraire; ordinairement, il commence à peu près comme suit :

Cejourd'hui   186,   il a été convenu, entre les
soussignés N., propriétaire à   , d'une part, et N.,
entrepreneur, domicilié à..., d'autre part, que ledit sieur
N... s'engage envers le premier à lui construire, aux
clauses et conditions suivantes, en sa propriété de L.
commune de   arrondissement de   un bâtiment à
usage d'habitation, de 14 mètres de façade sur 7 mètres
de profondeur, composé d'un rez-de-chaussée, surmonté
d'un premier étage et d'un grenier au-dessus, et édifié
sur caves de toute l'étendue du bâtiment.

L'entrepreneur devra se conformer entièrement aux
plans, devis, détails et conditions ci-annexés et également
ment signés par les contractants, et s'engage à rendre
lesdits travaux complétement terminés et convenablement exécutés pour le   186   , sous peine d'une
indemnité de   fr., par chaque semaine de retard, à
payer au propriétaire.

Les ouvrages seront, suivant l'art. 1792 du code,
garantis pendant 10 ans, pour toute avarie, pouvant
provenir de vice de construction, emploi de mauvais
matériaux, ou même défaut de prévoyance, etc., etc.

Lorsqu'on charge un entrepreneur d'exécuter à forfait
une construction quelconque, d'après un plan adopté
par le propriétaire, l'entrepreneur ne peut demander
aucune augmentation de prix, ni sous le prétexte d'augmentation de la main-d'œuvre ou des matériaux, ni sous
celui de changements ou d'additions faits au plan, à
moins que ces changements ou additions n'aient été
positivement commandés ou acceptés par le propriétaire. (Cour de cassation, arrêté du 7 août 1826, d'après
l'art. 1793, du code.)

Pour tous les ouvrages sujets à la réception, ils sont
considérés comme reçus lorsqu'ils sont payés; c'est
pourquoi, tant que la réception n'en a pas été faite, il ne
faut donner que des à compte. L'usage, dans ce cas,
est de retenir un vingtième. Les entrepreneurs, s'étant
engagés, par le louage de leur travail, à une bonne

exécution, demeurent responsables, pendant dix ans, de la perte, soit totale, soit partielle, des bâtiments qu'ils construisent à prix faits, soit qu'elle arrive par suite d'un vice de construction, ou d'un défaut du sol. Cette même responsabilité existe à l'égard de l'architecte, si la construction périt par vice de distribution ou de proportions, et il en est de même des maîtres ouvriers qui entreprennent à prix fait; ils sont responsables chacun de leur ouvrage (art. 1792, 1799).

Par contre, le propriétaire est tenu d'effectuer les payements aux époques convenues, et d'indemniser l'entrepreneur de tout surcroît de travail ou de frais, occasionné par ses ordres.

Le propriétaire doit, s'il fait suspendre ou arrêter les travaux en voie d'exécution, ce qu'il a toujours le droit de faire, indemniser l'entrepreneur de toutes les pertes que cette interruption peut lui occasionner, et même de ce qu'il eût pu légalement gagner sur les travaux (art. 1794). Cette dernière clause semble trop sévère, car s'il est de toute équité que l'entrepreneur soit indemnisé de ses frais, de ses soins et même d'une partie de ce qu'il aurait dû gagner, puisqu'il peut avoir refusé d'autres travaux, il n'est pas non plus de stricte justice de lui payer des soins qu'il ne sera pas obligé de donner, ni des bénéfices sur des avances qu'il n'aura pas à faire. C'est pourquoi il sera bon pour tous travaux importants de prévoir ce cas, et de fixer une indemnité qui sera mentionnée à l'état de marché.

L'état de marché, considéré comme contrat, ne peut être valable que lorsqu'il a lieu entre personnes en état de contracter, c'est-à-dire majeures, jouissant de leurs droits civils, et pour les femmes mariées, avec le consentement de leur époux. Toutefois l'incapacité des mineurs, n'étant établie que dans leur intérêt, eux seuls peuvent l'invoquer, tandis que les personnes qui ont contracté avec eux ne peuvent s'en prévaloir pour faire annuler l'engagement.

CHAPITRE V

JURISPRUDENCE.

§ 1. — *Propriété et servitudes.*

Le propriétaire a le droit de jouir de ses possessions de la manière la plus absolue, pourvu qu'il n'en fasse pas un usage prohibé par les lois ou par les règlements (Code civil, art. 544), et ne peut être contraint de céder sa propriété, si ce n'est pour cause d'utilité publique, et moyennant une juste et préalable indemnité. (Code civil, art. 545.)

On considère comme usage prohibé, l'établissement d'un atelier où doit s'exercer une industrie insalubre, dangereuse ou gênante pour le voisinage, et qui, pour ces raisons, ne peut s'établir qu'à une distance déterminée des autres habitations. Les constructions sont encore soumises à certaines restrictions, et même interdites dans le rayon de défense des villes fortifiées, ainsi que sur les terrains provenant d'anciens cimetières.

La propriété du sol emporte la propriété du dessus et du dessous (Code civil, art. 552). Le propriétaire peut faire au-dessus toutes les plantations et les constructions qu'il juge à propos, sauf les exceptions établies au titre des *servitudes* ou *services fonciers*.

Il peut faire au-dessous toutes les constructions et fouilles qu'il jugera à propos, et tirer de ces fouilles tous les produits qu'elles peuvent fournir, sauf les modifications résultant des lois et règlements relatifs aux mines, et des lois et règlements de police. (Code civil, art. 664, 690, 691.)

Le propriétaire du sol, qui a fait des constructions, plantations et ouvrages avec des matériaux qui ne lui appartenaient pas, doit en payer la valeur; il peut même aussi être condamné à des dommages et intérêts, s'il y a lieu; mais le propriétaire des matériaux n'a pas le droit de les enlever. (Code civil, art. 554.)

Les *servitudes* ou *services fonciers*, qui font l'objet du titre IV, liv. 2, du Code civil, sont définies comme suit :

« Une servitude est une charge imposée à un héritage, pour l'usage et l'utilité d'un héritage appartenant à un autre propriétaire (Code civil, art. 637). Elle n'établit aucune prééminence d'un héritage sur l'autre (Code civil, art. 638); elle dérive, ou de la situation naturelle des lieux, ou des obligations imposées par la loi, ou des conventions entre les propriétaires (Code civil, art. 639). »

D'après les articles 640 à 648, les fonds inférieurs sont obligés de recevoir les eaux naturelles des fonds supérieurs, mais sans que les propriétaires de ces derniers puissent rien faire qui puisse augmenter la servitude. Le propriétaire d'une source ne peut en détourner le cours. Si les eaux en sont nécessaires à une commune, village ou hameau, mais s'ils n'en ont acquis la jouissance par prescription, le propriétaire a droit de réclamer une indemnité. Lorsque ses terres seront traversées par une eau courante, n'appartenant pas au domaine public, il pourra en disposer à sa volonté, à la seule charge de la rendre, à la sortie de ses fonds, à son cours ordinaire. Le propriétaire jouit aussi du droit de clore sa propriété, sauf le cas où il devrait passage à celui d'un fond enclavé (Code civil, art. 682 à 685).

La servitude du *marchepied*, réservé le long des rivières navigables ou flottables, est, aux termes du décret du 22 janvier 1808, un espace de 5^m24, que tout propriétaire riverain doit laisser pour le halage, chargement et déchargement des bateaux ; cet espace n'en est pas moins sa propriété, et il en reprendrait la jouissance, si le cours d'eau cessait d'être navigable.

Les autres servitudes sont relatives aux murs et fossés mitoyens, aux vues sur la propriété voisine, à l'égard des toits et droit de passage.

§ 2. — *Mitoyenneté et voisinage.*

Dans les villes et dans les campagnes, tout mur servant de séparation entre les bâtiments jusqu'à l'héberge (1), ou entre cours et jardins, et même entre enclos dans les champs, est présumé mitoyen, s'il n'y a titre ou marque du contraire (Code civil 653).

Le mur mitoyen appartient en même temps et indivisement à chacun des deux propriétaires, mais, suivant les circonstances, en différentes proportions. Ainsi, par exemple : 1° Si la mitoyenneté existe entre une cour, enclos ou jardin d'une part, et un bâtiment plus élevé de l'autre, dans ce premier cas, la mitoyenneté n'est considérée exister que jusqu'à la hauteur de clôture déterminée par l'art. 663, et y compris seulement les fondations jugées nécessaires pour cette hauteur ; 2° Si le mur forme la séparation de deux bâtiments d'inégale hauteur, la mitoyenneté n'existe alors que jusqu'à la hauteur du bâtiment le moins élevé, et si la différence est telle que le plus haut des deux puisse avoir exigé des fondations plus profondes que l'autre, l'excédant ne sera pas considéré comme mitoyen ; 3° S'il existe des caves ou étages souterrains sous un seul des bâtiments, la mitoyenneté ne sera réputée avoir lieu que pour la

---

(1) Hauteur d'un bâtiment appuyé sur un mur mitoyen plus élevé.

profondeur des fondations jugées nécessaires pour l'édification de l'autre; 4° enfin, si la destination de l'un des bâtiments nécessite un mur plus épais ou d'une construction plus dispendieuse, la mitoyenneté de l'autre se réduit à la moitié de la valeur du mur proportionné à son importance.

Il y a marque de non-mitoyenneté, lorsque la sommité du mur est droite et à plomb de son parement d'un côté, et présente de l'autre un plan incliné (Code civil 653); lorsqu'encore il n'y a que d'un côté, ou un chaperon, ou des filets et corbeaux de pierre qui y auraient été mis en bâtissant le mur.

Dans ce cas, le mur est censé appartenir exclusivement au propriétaire du côté duquel sont l'égout ou les corbeaux et filets en pierre.

Il est bien entendu, d'après les articles du code cités plus haut, que la mitoyenneté entraîne la propriété du sol occupé par la moitié ou la part proportionnelle de l'épaisseur du mur.

La réparation et la reconstruction du mur mitoyen sont à la charge de tous ceux qui y ont droit, et proportionnellement au droit de chacun (Code civil 655). Cependant tout co-propriétaire d'un mur mitoyen peut se dispenser de contribuer aux réparations et reconstructions, en abandonnant son droit de mitoyenneté, pourvu que le mur mitoyen ne soutienne pas un bâtiment qui lui appartienne (Code civil 656).

Nous verrons tout à l'heure que cette faculté, qui, du reste, n'est applicable qu'à un mur servant de clôture au moins d'un côté, n'existe pas dans les villes, où chacun peut contraindre son voisin à la mitoyenneté.

Tout co-propriétaire peut faire bâtir contre un mur mitoyen, et y placer des poutres ou solives dans toute l'épaisseur du mur, à 54 millimètres près, sans préjudice du droit qu'a le voisin de faire réduire à l'ébauchoir la poutre jusqu'à moitié de l'épaisseur du mur, dans le cas où il voudrait lui-même asseoir des poutres dans le même lieu, on y adosser une cheminée. (c. c. 657.)

Tout co-propriétaire peut faire exhausser le mur mitoyen, mais il doit payer seul la dépense de l'exhaussement, les réparations d'entretien au-dessus de la hauteur de la clôture commune et, en outre, l'indemnité de la charge en raison de l'exhaussement et suivant la valeur. (c. c. 658.) Si le mur mitoyen n'est pas en état de supporter l'exhaussement, celui qui veut l'exhausser doit le faire reconstruire en entier à ses frais, et l'excédant d'épaisseur doit se prendre de son côté. (c. c. 659.)

Le voisin qui n'a pas contribué à l'exhaussement peut en acquérir la mitoyenneté, en payant la moitié de la dépense qu'il a coûté et la valeur de la moitié du sol fourni pour l'excédant d'épaisseur, s'il y en a. (c. c. 660.)

Tout propriétaire joignant un mur, a de même la faculté de le rendre mitoyen, en tout ou en partie, en remboursant au mètre du mur la moitié de sa valeur, ou la moitié de la valeur de la portion qu'il veut rendre mitoyenne, et la moitié de la valeur du sol sur lequel le mur est bâti. (c. c. 661.)

L'un des voisins ne peut pratiquer dans le corps d'un mur mitoyen aucun enfoncement, ni y appliquer ou appuyer aucun ouvrage, sans le consentement de l'autre, ou sans avoir, à son refus, fait régler par experts les moyens nécessaires pour que le nouvel ouvrage ne soit pas nuisible aux droits de l'autre. (c. c. 662.)

Chacun peut contraindre son voisin, dans les villes et faubourgs, à contribuer aux constructions et réparations de la clôture faisant séparation de leurs maisons, cours et jardins assis ès-dites villes et faubourgs ; la hauteur sera fixée suivant les règlements ou les usages constants et reconnus ; et, à défaut d'usages et de règlements, tout mur de séparation entre voisins qui sera construit ou rétabli à l'avenir, doit avoir au moins 3m20 de hauteur y compris le chaperon, dans les villes de cinquante mille âmes et au-dessus, et de 2m60 dans les autres. (c. c. 662.)

L'un des voisins ne peut, sans le consentement de

l'autre, pratiquer dans le mur mitoyen aucune fenêtre ou ouverture, en quelque manière que ce soit, même à verre dormant. (c. c. 675.)

Le propriétaire d'un mur non mitoyen, joignant immédiatement l'héritage d'autrui, peut pratiquer dans ce mur des jours ou fenêtres à fer maillé et verre dormant. Ces fenêtres doivent être garnies d'un treillis de fer dont les mailles auront un décimètre d'ouverture au plus, et d'un châssis à verre dormant. (c. c. 676.)

Ces fenêtres ou jours ne peuvent être établis qu'à 2^{m}60 au-dessus du plancher ou sol de la chambre que l'on veut éclairer, si c'est au rez-de-chaussée, et à 1^{m}90 au-dessus du plancher pour les étages supérieurs. (c. c. 677.)

On ne peut avoir des vues droites ou fenêtres d'aspect, ni balcons ou autres semblables saillies, sur l'héritage clos ou non clos de son voisin, s'il n'y a 1^{m}90 de distance entre le mur où on les pratique et ledit héritage. (c. c. 678.) On ne peut avoir des vues par côté ou obliques sur le même héritage s'il n'y a 0^{m}60 de distance. (c. c. 679.) La distance dont il est parlé dans les deux articles précédents se compte depuis le parement extérieur du mur où l'ouverture se fait, et, s'il y a des balcons ou autres semblables saillies, depuis leur ligne extérieure jusqu'à la ligne de séparation des deux propriétés. (c. c. 680.) Nous ajouterons que les toitures plates, en terrasses, peuvent être considérées comme vues directes, si elles sont à moins de 1^{m}90 de la propriété voisine. Pour mieux faire comprendre les dispositions citées dans ces deux derniers articles, nous les rappelons ici avec les abus prévus par la loi, et dans les conditions légales.

Il arrive quelquefois que deux voisins s'entendent pour établir à frais communs, dans l'axe même d'un mur mitoyen, un puits qui alors est également mitoyen. Il résulte naturellement de cette disposition une interruption dans le mur, mais, cependant, la clôture n'en est pas moins continue et ne souffre même d'aucune vue directe, si l'on construit au-dessus du puits, dans l'alignement du mur, une cloison établie à quelques décimètres au-dessous du bord supérieur de la margelle, sur un cintre ou un fort linteau appuyé sur la maçonnerie du puits.

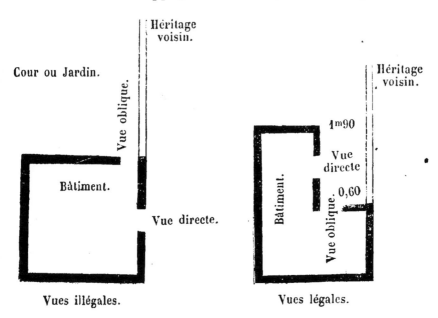

Vues illégales.   Vues légales.

Hors ce cas d'entente réciproque, les puits ne peuvent se creuser qu'à une certaine distance de la propriété voisine, distance qui est fixée par les usages ou règlements locaux. Ce cas est prévu par le code. (Art. 674.) Celui qui fait creuser un puits ou une fosse d'aisances près d'un mur mitoyen ou non ; — celui qui veut y construire une cheminée ou âtre, forge, four ou fourneau ; — y adosser une étable, ou établir contre ce mur un magasin de sel ou de matières corrosives, — est obligé à laisser la distance prescrite par les règlements et usages particuliers sur ces objets, ou à faire les ouvrages prescrits par les mêmes règlements et usages, pour éviter de nuire au voisin.

Il est également interdit, par les art. 671 et 672, de planter des arbres à haute tige à moins de deux mètres de la ligne séparative de l'héritage voisin, et d'un demi mètre pour les haies vives et buissons ; ce dernier cas ne peut évidemment s'appliquer que s'il n'existait pas de clôture. Ces articles donnent aussi à tout propriétaire le droit de faire couper les branches des arbres voisins qui avancent sur sa propriété, et de couper lui-même les racines de ces arbres.

Tout propriétaire doit établir ses toits de manière que les eaux pluviales s'écoulent sur son terrain ou sur la voie publique ; il ne peut les faire verser sur le fonds de son voisin. (*c. c.* 681.) Cette disposition ne s'applique qu'aux égouts des toits considérés comme écoulement artificiel, car nous avons vu plus haut que la propriété inférieure devait recevoir les eaux naturelles de la propriété supérieure.

Nous avons dit aussi plus haut que tout propriétaire avait le droit de se clore, sauf le cas où sa propriété devrait quelque passage. Voici comment le code établit ce droit de passage :

« Le propriétaire dont les fonds sont enclavés, et qui n'a aucune issue sur la voie publique, peut réclamer un passage sur les fonds de ses voisins pour l'exploitation de son héritage, à la charge d'une indemnité proportionnée au dommage qu'il peut occasionner. » (*c. c.* 682.)

Le passage doit régulièrement être pris du côté où le trajet est le plus court du fonds enclavé à la voie publique. (*c. c.* 683.) Néanmoins, il doit être fixé dans l'endroit le moins dommageable à celui sur le fonds duquel il est accordé.

On voit, par ce dernier article, que, dans le cas où l'on voudrait clore ou établir des constructions dans une propriété grevée de ce genre de servitude, il suffirait de réserver un passage convenable, un chemin, qui serait très-certainement l'endroit le moins dommageable.

Tous fossés entre deux héritages sont présumés mitoyens, s'il n'y a titre ou marque du contraire. (*c. c.* 666.)

Il y a marque de non-mitoyenneté, lorsque la levée ou le rejet des terres se trouve d'un côté seulement du fossé

(c. c. 667.) Le fossé est censé appartenir à celui du côté duquel le rejet se trouve. (c. c. 668.)

Le fossé mitoyen doit être entretenu à frais communs. (c. c. 669.) Il est à regretter que la loi ne spécifie pas la largeur et la profondeur du fossé de séparation, ce qui peut occasionner des contestations dans le cas où l'un des voisins le voudrait plus grand que l'autre; alors il serait nécessaire, à défaut de règlement ou d'usages locaux, d'avoir recours à une expertise.

Toute haie qui sépare des héritages est réputée mitoyenne, à moins qu'il n'y ait qu'un seul des héritages en état de clôture, ou s'il n'y a titre ou possession suffisante du contraire. (c. c. 670.) Les arbres qui se trouvent dans la haie mitoyenne sont mitoyens comme la haie, et chacun des deux propriétaires a droit de requérir qu'ils soient abattus. (c. c. 673.)

La haie, comme on le sait, est une clôture formée d'arbrisseaux enracinés ou de branchages morts et entrelacés : la première se nomme *haie vive* et l'autre *haie morte*. Il résulte de la nature de ces deux haies qu'au cas où elles ne sont pas mitoyennes, elles doivent s'établir dans des conditions différentes. Aucune loi ne s'oppose à ce que la haie morte s'établisse auprès de la ligne séparative, pourvu que toute son épaisseur soit prise sur le fonds de celui qui la fait faire. La haie vive, au contraire, d'après l'art 671, doit être plantée à 0^{m}50 en dedans de la limite, et encore doit-elle être exclusivement composée de buissons dont l'élévation est fixée par des règlements locaux, tout arbre à tige devant être, comme nous l'avons déjà vu, à 1^{m}90 de la propriété voisine.

§ 3. — *Des servitudes établies par le fait de l'homme.*

L'article 686 du code spécifie ces sortes de servitude dans les termes suivants : il est permis aux propriétaires d'établir sur leurs propriétés, ou en faveur de leurs propriétés, telles servitudes que bon leur semble, pourvu, néanmoins, que les services établis ne soient imposés ni à la personne, ni en faveur de la personne, mais seulement à un fonds, et pour un fonds, et pourvu que ces services n'aient d'ailleurs rien de contraire à l'ordre public.

Oserons-nous nous permettre d'exprimer ici le regret que nous éprouvons de trouver une telle disposition dans la loi? N'est-il pas regrettable de trouver une loi qui facilite l'établissement de servitudes si difficiles à éteindre, tandis qu'il serait, au contraire, à désirer que tout fût mis en œuvre pour l'entraver? Est-il véritablement équitable qu'un propriétaire, même un père de famille, puisse quelquefois, par faiblesse ou par toute autre cause, grever à tout jamais son héritage de servitudes onéreuses ou gênantes pour ses héritiers? Nous pensons qu'il serait beaucoup plus juste, et plus en rapport avec l'inviolabilité de la propriété, que toute servitude non exigible par la loi, mais seulement consentie par le propriétaire, ne fût valable que pour le temps de sa légitime possession, et annulée de droit et de fait par sa mort ou par la cessation de ses droits. Le code ajoute que ces servitudes se règlent par le titre qui les établit et, à défaut de titre, par les règles ci-après :

Les servitudes sont établies, ou pour l'usage des bâtiments, ou pour celui des fonds de terre.

Celles de la première espèce s'appellent *urbaines,* soit que les bâtiments auxquels elles sont dues soient situés à la ville ou à la campagne ; celles de la seconde espèce se nomment *rurales.* (c. c. 687.)

Les servitudes sont continues ou discontinues.

Les servitudes continues sont celles dont l'usage est ou peut être continu, sans avoir besoin du fait actuel de l'homme; tels sont les conduites d'eau, les égouts, les vues et autres de cette espèce.

Les servitudes discontinues sont celles qui ont besoin du fait actuel de l'homme pour être exercées; tels sont les droits de passage, puisage, perçage et autres semblables. (c. c. 688.)

Les servitudes sont apparentes ou non apparentes.

Les servitudes apparentes sont celles qui s'annoncent par des ouvrages extérieurs, tels qu'une porte, une fenêtre, un aqueduc.

Les servitudes non apparentes sont celles qui n'ont pas de signe extérieur de leur existence, comme, par exemple, la prohibition de bâtir sur un fonds ou de ne bâtir qu'à une hauteur déterminée. (c. c. 889.)

Il est facile de voir combien on déprécie un héritage en acceptant des concessions aussi désastreuses que celles mentionnées à l'art. ci-dessus. De la part d'un père de famille, c'est une véritable spoliation, d'autant plus que ces sortes de servitudes ne peuvent s'établir que volontairement, ainsi que le feront voir les articles suivants.

Les servitudes continues et apparentes s'acquièrent par titre ou par la possession de trente ans. (c. c. 690.)

Les servitudes continues non apparentes et les servitudes discontinues, apparentes ou non apparentes, *ne peuvent s'établir que par titres. La possession même immémoriale ne suffit pas pour les établir*, sans cependant qu'on puisse attaquer aujourd'hui les servitudes de cette nature déjà acquises par la possession, dans les pays où elles pouvaient s'acquérir de cette manière. (c. c. 691.)

Donc, à défaut de titre, cette servitude cesse d'être due.

La destination du père de famille vaut titre à l'égard des servitudes continues et apparentes. (c. c. 902.)

Il n'y a destination du père de famille que lorsqu'il est prouvé que les deux fonds actuellement divisés ont appartenu au même propriétaire, et que c'est par lui que les choses ont été mises dans l'état duquel résulte la servitude. (c. c. 693.)

Si le propriétaire de deux héritages entre lesquels il existe un signe apparent de servitude, dispose de l'un des héritages (le vend) sans que le contrat contienne aucune convention relative à cette servitude, elle continue d'exister activement ou passivement en faveur du fond aliéné ou sur le fond aliéné. (c. c. 694.)

Le titre constitutif de la servitude, à l'égard de celles qui ne peuvent s'acquérir par la prescription, ne peut être remplacé que par un titre recognitif (acte de reconnaissance) de la servitude, émané du propriétaire du fonds asservi. (c. c. 695.) Ces deux articles, comme on le voit, offrent aux propriétaires les moyens de s'affranchir des servitudes. Nous croyons qu'en pareil cas, leur plus grand intérêt est de faire, s'il le faut, des sacrifices pécuniaires pour s'assurer la jouissance libre et indépendante de leur fonds, et de ne jamais accorder volontairement aucune servitude, car une en entraîne toujours d'autres. C'est ce que semble consacrer le code en s'exprimant ainsi :

« Quand on établit une servitude, on est censé accorder tout ce qui est nécessaire pour en user. »

« Ainsi, la servitude de puiser de l'eau à la fontaine d'autrui emporte nécessairement le droit de passage. » (c. c. 696.)

Nous avons vu que la possession d'une servitude pouvait s'acquérir par jouissance de trente ans. Il faut savoir que la loi n'exige même pas que cette jouissance ait eu lieu par le propriétaire seul, mais par ses ayants cause, domestiques, fermiers ou amis. Toutefois, elle doit être continue, patente et positive, et non précaire ou par simple tolérance.

Celui auquel est due une servitude a droit de faire tous les ouvrages nécessaires pour en user et pour la conserver. (c. c. 697.) Ces ouvrages sont à ses frais et non à ceux du propriétaire du fonds assujetti, à moins que le titre d'établissement de la servitude ne dise le contraire. (c. c. 698.)

Dans le cas même où le propriétaire du fonds assujetti est chargé, par titre, de faire à ses frais les ouvrages nécessaires pour l'usage ou la conservation de la servitude, il peut toujours s'affranchir de la charge, en abandonnant le fonds assujetti au propriétaire du fonds auquel la servitude est due. (c. c. 669.)

Si l'héritage pour lequel la servitude a été établie vient à être divisé, la servitude reste due pour chaque portion, sans néanmoins que la condition du fonds assujetti soit aggravée.

Ainsi, par exemple, s'il s'agit d'un droit de passage, tous les co-propriétaires seront obligés de l'exercer par le même endroit. (*c. c.* 700.)

Ici surtout, si une telle servitude était consentie volontairement, il serait utile de mettre, dans les clauses, les plus sévères restrictions, dont une seule supposition fera sentir toute l'importance. Le droit de passage est cédé à un agriculteur qui traverse un verger, un jardin, huit ou dix fois par an pour la culture de sa terre. Nous le connaissons, lui et ses enfants, et croyons n'avoir rien à craindre; mais il fait de mauvaises affaires, il est exproprié; malgré lui, son bien passe entre les mains de spéculateurs qui y construisent des fabriques ou des cités ouvrières. Nous avions cru permettre à deux ou trois personnes tranquilles de passer chez nous, deux ou trois fois par semaine, et nous nous trouvons obligés de subir, du matin au soir, les ébats de deux cents individus de tout âge.

Nous pensons donc que si l'on se trouvait entraîné, par des circonstances majeures, à accepter une telle servitude, il serait convenable de stipuler la nature du passage, et, surtout, de se mettre en garde contre la teneur des articles suivants :

Le propriétaire du fonds, débiteur de la servitude, ne peut rien faire qui tend à en diminuer l'usage ou à le rendre plus incommode.

Ainsi, il ne peut pas changer l'état des lieux, ni transporter l'exercice de la servitude dans un endroit différent de celui où elle a été primitivement assignée.

Mais, cependant, si cette assignation premitive était devenue plus onéreuse au propriétaire du fonds assujetti, ou si elle l'empêchait d'y faire des réparations avantageuses, il pourrait offrir au propriétaire de l'autre fonds

un endroit aussi commode pour l'exercice de ses droits;
et celui-ci ne pourrait pas le refuser. (*c. c.* 701.)

De son côté, celui qui a un droit de servitude ne peut
en user que suivant son titre, sans pouvoir faire, ni dans
le fonds qui doit la servitude, ni dans le fonds auquel elle
est due, de changement qui aggrave la condition du premier. (*c. c.* 702.) Cet article sauvegarde-t-il suffisamment l'héritage grevé? et ne peut-on pas dire, dans le cas
de la supposition que nous venons de faire, que le passage
étant dû, une portion de terrain affectée à cette servitude,
le nombre de personnes qui y passe n'augmentant pas la
quantité de terrain perdu, n'aggrave pas la servitude?
Pour nous cette propriété serait dépréciée de moitié.

§ 4. — *De l'extinction des servitudes.*

Dans le paragraphe précédent, nous avons répété plusieurs fois que l'on devait, par tous les moyens possibles, éviter l'établissement des servitudes, véritable
lèpre de la propriété. Nous ne pouvons mieux prouver
la sagesse de ce conseil, qu'en appelant l'attention des
propriétaires sur les difficultés que l'on éprouve à s'en
affranchir. Voici à cet égard les seules dispositions du
code :

Les servitudes cessent lorsque les choses se trouvent
en telle état qu'on n'en peut plus user. (*c. c.* 703.)

Il est à remarquer que le code dit que, dans ce cas, les
servitudes *cessent* seulement, mais ne s'éteignent pas.
Ainsi donc, s'il s'agit par exemple d'un droit de passage,
la servitude cesse lorsque la source ou le puits est à sec,
mais elle reprend son cours lorsque l'eau est revenue, à
moins toutefois qu'il ne se soit écoulé un intervalle de
trente ans. C'est ce qui est consacré par les articles suivants :

Elle revient (la servitude) si les choses sont rétablies
de manière qu'on puisse en user; à moins qu'il ne se soit
déjà écoulé un espace de temps suffisant pour faire pré-

sumer l'extinction de la servitude, ainsi qu'il est dit à l'article 707. (c. c. 704.)

Toute servitude est éteinte, lorsque le fonds à qui elle est due, et celui qui la doit, sont réunis dans la même main. (c. c. 705.)

La servitude est éteinte par le non usage pendant trente ans. (c. c. 706.)

Les trente ans commencent à courir, selon les diverses espèces de servitudes, ou du jour où l'on a cessé d'en jouir, lorsqu'il s'agit de servitudes discontinues, ou du jour où il a été fait acte contraire à la servitude, lorsqu'il s'agit de servitudes continues. (c. c. 707.)

On voit, d'après cela, qu'il est très-important, aussitôt que l'usage d'une servitude se trouve interrompu, de quelque manière que ce puisse être, de le faire légalement constater, afin de prendre date incontestable pour obtenir la déchéance de la servitude, si cette interruption peut se continuer pendant trente ans.

Le mode de la servitude peut se prescrire, comme la servitude même et de la même manière. (c. c. 708.)

Si l'héritage en faveur duquel la servitude est établie, appartient à plusieurs par indivis, la jouissance de l'un empêche la prescription à l'égard de tous. (c. c. 709.)

Si parmi les co-propriétaires il s'en trouve un contre lequel la prescription n'ait pu courir comme un mineur, il aura conservé le droit de tous. (c. c. 710.)

§ 5. — *Constructions sur la voie publique.*

Quiconque voudra construire, reconstruire ou améliorer des édifices, bâtiments, murs, ponts, ponceaux, aqueducs, faire des plantations ou autres travaux quelconques le long des grandes routes, soit dans les traverses des villes, bourgs, villages, soit ailleurs, devra préalablement y être autorisé par la députation des États de la province, se conformer aux conditions et suivre les alignements qui lui seront prescrits par ce collége, sauf ses droits à une juste indemnité, dans le cas où une partie de sa propriété devrait, par suite de nouveaux alignements adoptés, être incorporée dans la voie publique. (Arrêté royal du 29 février 1836. Loi du 1ᵉʳ février 1844, article 14.)

Dans les villes et dans les parties agglomérées des communes rurales de plus de 2,000 habitants, aucune construction ou reconstruction, ni aucun changement aux bâtiments existants, à l'exception des travaux de construction et d'entretien sur des terrains destinés à reculement, en conformité des plans d'alignement dûment approuvés, ne peuvent être faits avant d'avoir obtenu l'autorisation de l'administration communale, qui sera tenue de se prononcer dans le délai de trois mois à dater de la réception de la demande. (Loi du 1ᵉʳ février 1844, articles 1, 4, 5.)

S'il y a lieu d'incorporer à la voie publique une parcelle de terrain, l'action en expropriation doit être intentée dans le délai d'un mois, dans le cas où l'indemnité n'a pas été réglée de commun accord. (Même loi, article 6.)

Si l'administration communale refuse, soit d'intenter l'action, soit de payer l'indemnité, le propriétaire, quinze jours après avoir mis l'administration communale en demeure, et avoir dénoncé cette mise en demeure à la députation du conseil provincial, rentrera dans la libre disposition de la partie du terrain destiné au reculement. (*Ibid.* art. 7.)

Indépendamment de l'amende à prononcer par les tribunaux en cas de contravention, ceux-ci sont autorisés à ordonner le rétablissement des lieux dans leur état primitif, par la démolition, la destruction ou l'enlèvement des ouvrages illégalement exécutés. Toutefois, le propriétaire a l'option d'exécuter les conditions légalement imposées par l'arrêté d'autorisation. Cette option doit être faite dans le délai fixé par le jugement, sinon les lieux sont rétablis dans leur état primitif aux frais du contrevenant. (*Ibid.* art. 9, 10 et 11.)

L'autorité peut arrêter une construction qui serait faite contre les règles de l'art, et ordonner au propriétaire d'en faire disparaître le vice. Elle peut, à plus forte raison, interdire une construction dont l'effet lui paraîtrait devoir être dangereux pour la sûreté publique.

Quant aux particuliers, ils peuvent s'opposer à toute construction nuisible à leur propriété, telle qu'une construction à saillies, balcons, etc., qui gênerait la vue des maisons voisines; plainte devrait en être portée à l'administration par suite du pouvoir qu'elle a de donner des alignements. (Macarel, *Jurisprudence administrative.*) Dans ce cas, des propriétaires peuvent s'opposer, dans leur intérêt privé, même à une construction autorisée, mais alors c'est devant les tribunaux qu'ils doivent porter leurs plaintes. L'auteur que nous venons de citer rapporte à ce sujet, «qu'un marchand de drap de Paris, ayant attaqué devant les tribunaux un marchand de vin, en face duquel il demeurait, pour avoir fait peindre sa façade en un rouge éclatant qui renvoyait sur ses étoffes des reflets qui en rendaient les nuances méconnaissables, le marchand de vin fut condamné à changer la couleur de sa façade. »

L'observation des règlements sur les alignements est de la plus haute importance, par les pertes énormes que les contraventions peuvent occasionner. Non-seulement l'autorité, dans ce cas, peut et doit ordonner la démolition des maisons, ou constructions quelconques, commencées ou achevées, mais elle peut encore prononcer des amendes considérables, qui atteignent l'architecte et l'entrepreneur aussi bien que le propriétaire, parce qu'ils doivent connaître mieux que ce dernier les lois et règlements qui régissent leur profession. Le propriétaire peut même pour ce fait les poursuivre en dommages et intérêts.

S'il n'y a eu que réparation, les réparations seules peuvent être détruites.

Nous croyons avoir à peu près résumé tout ce qui peut intéresser le plus les personnes qui veulent faire bâtir. Nous avons extrait du Code civil presque tous les articles qui se rattachent, même indirectement, aux constructions. Nous nous sommes aidé aussi de plusieurs articles de M. Ad. Trebuchet, avocat et chef du bureau des manufactures, à la préfecture de police de Paris. Pour tous les cas ordinaires, ce que nous venons de donner pourra suffire; mais si l'on craignait quelques complications, à la moindre incertitude, on agira toujours sagement en prenant l'avis d'un homme de loi ou d'un architecte expert dans cette partie.

FIN.

TABLE DES MATIÈRES

CHAPITRE Ier.

CHAPITRE IV.

CHAPITRE V.

FIN DE LA TABLE DES MATIÈRES.

Imprimé en France
FROC021009220120
23239FR00018B/258/P

9 782329 360768